人工智能

剪映+即梦AI

文案、图片与视频生成技巧大全

龙飞◎编著

化学工业出版社
·北京·

内 容 简 介

本书是一本全面而深入的剪映+即梦 AI 实战教程，帮助大家利用 AI 生成文案、图片和视频。本书包含 14 章专题内容讲解、60 个专家指点放送、139 分钟同步教学视频、118 个实用干货内容、730 多张精美插图，同时还提供了 180 多个素材与效果文件。

书中的内容共分为以下 4 大分篇。

【剪映 AI 篇】：介绍了使用剪映生成 AI 文案、使用剪映手机版进行 AI 作图、使用剪映手机版进行二次创作、使用剪映生成 AI 视频等内容。

【即梦绘画篇】：介绍了通过文本描述进行 AI 绘画、上传图片生成绘画作品、一键生成同款绘画作品、使用智能画布进行二次创作等内容。

【即梦视频篇】：介绍了以文本创作视频效果、打造影视级视频的方法、上传图片生成视频效果、编辑与设置视频的属性、以图生成对口型的视频、一键生成同款视频作品等内容。

【综合案例篇】：介绍了海边风光、高原雪山、人像写真、国风美女、湖南美食、红烧豆腐、商业广告、化妆品视频广告等视频效果的制作。

本书图片精美、丰富，讲解深入浅出，实战性强，适合以下人群阅读：一是设计师、插画师、漫画家、短视频博主、自媒体创作者、艺术工作者、电商美工等创意人群；二是摄影爱好者和专业摄影师，寻求利用 AI 技术提升作品质量；三是绘画爱好者，希望通过 AI 工具探索新的创作方式；四是美术、艺术、设计等专业的学生，希望掌握前沿的 AI 创作技能。

图书在版编目（CIP）数据

人工智能 ：剪映+即梦AI ：文案、图片与视频生成技巧大全 / 龙飞编著. -- 北京 ：化学工业出版社，2024. 12（2025.4重印）. -- ISBN 978-7-122-46526-9

Ⅰ. TP317.53

中国国家版本馆CIP数据核字第2024NB9810号

责任编辑：李 辰 孙 炜　　　　封面设计：异一设计
责任校对：李雨函　　　　装帧设计：盟诺文化

出版发行：化学工业出版社（北京市东城区青年湖南街13号　邮政编码100011）
印　　装：北京宝隆世纪印刷有限公司
710mm×1000mm　1/16　印张16　字数323千字　2025年4月北京第1版第2次印刷

购书咨询：010-64518888　　　　售后服务：010-64518899
网　　址：http://www.cip.com.cn
凡购买本书，如有缺损质量问题，本社销售中心负责调换。

定　　价：98.00元

前言 PREFACE

在这个信息爆炸的时代，内容创作已成为连接人心、传递价值的重要桥梁，创意表达已经成为个人和企业竞争的关键。然而，无论是文案创作、图片设计还是视频制作，这些工作往往需要大量的时间、精力和专业知识，本书正是为了解决这些痛点而生的。

本书通过剪映与即梦AI强大的AI能力，能够即时生成多样化的文案，无论是吸引眼球的包装文案、精准触达的推荐文案，还是深入浅出的讲解文案，甚至是创意满满的营销文案，都能轻松应对，让人彻底告别“文思枯竭”的困境。

图片与视频的创作同样令人头疼。在传统方式下，从构思到设计，再到后期处理，每一步都耗时费力。本书引入的AI绘画与编辑技术，让用户仅需输入简单的提示或选择模板，即可快速生成高质量的图片与视频，极大地提升了创作效率与效果。

本书紧扣文案、图片与视频生成的痛点，通过剪映和即梦AI这两个强大的AI工具，为读者展示了如何快速生成高质量的内容。无论是商业广告、个人博客还是社交媒体分享，AI都能根据用户的需求，提供个性化的解决方案。本书通过AI技术，为读者提供了一种全新的创作方式，旨在帮助大家以更高的效率和更低的成本，生成具有专业水准的文案、图片和视频，让创意工作变得更加简单、快捷。

◎ 本书特色

本书从手机版的便捷操作到电脑版的深度应用，全面覆盖了剪映与即梦AI两款工具在AI文案生成、图片生成与视频生成方面的所有核心功能。无论是初学者还是资深创作者，都能从中找到适合自己的创作利器。

① **全面覆盖**：从AI文案的生成到图片与视频的创作，本书提供了全方位的指导，覆盖了从基础到高级的各个层面，对AI文案生成、以文生图、以图生图、智能画布、文生视频、图生视频等多个方面进行了详细解说。

② **实用性强**：本书通过118个实用干货技巧，全面介绍了剪映+即梦AI的各个实用功能，并且录制了带语音讲解的视频，共计139分钟，随书还附赠了180多个素材效果文件、83组AI提示词奉送，读者可以立即应用到自己的项目中。

③ **案例丰富**：本书通过4大综合案例实战，全方位、多角度地深入解析了即梦AI的AI生成技术，包括风光绘画与视频、人像摄影与视频、美食摄影与视频、商业设计与视频等内容，帮助读者更好地理解和掌握AI图片与视频的创作技巧。

④ **技术前沿**：本书紧跟AI技术的最新发展，介绍了多种先进的AI模型和算法，确保读者能够掌握最前沿的创作工具，轻松创作出AI文案、图片与视频效果。

◎ 解决方案

本书的痛点与AI解决方案如下。

① **文案创作**：传统文案创作耗时且需要良好的语言功底，本书通过AI文案生成技巧，帮助读者快速产出创意文案。

② **图片设计**：设计高质量的图片通常需要专业的设计软件和技能，本书教授大家如何使用AI进行图片创作，简化了设计流程。

③ **视频制作**：视频制作是一个复杂且技术要求高的过程，本书通过AI视频生成技术，让视频制作变得更加容易和高效。

◎ 温馨提示

① **版本更新**：在编写本书时，是基于当前各种AI工具和网页平台的界面截取的实际操作图片，本书涉及的即梦AI为网页版，剪映App为14.1.0版，剪映电脑版为5.3.0。虽然在编写的过程中，是根据界面或网页截的实际操作图片，但书从编辑到出版需要一段时间，在此期间，这些工具或网页的功能和界面可能会有变动，请在阅读时，根据书中的思路，举一反三，进行学习。

② **提示词的使用**：提示词也称为关键词或“咒语”，需要注意的是，即使是相同的提示词，AI工具每次生成的图像和视频效果也会有差别，这是模型基于算法与算力得出的新结果，是正常的，因此大家看到书里的截图与视频有所区别，包括大家用同样的提示词，自己再制作时，出来的效果也会有差异。在扫码观看教程视频时，读者应把更多的精力放在提示词的编写和实操步骤上。

◎ 资源获取

如果读者需要获取书中案例的素材、效果、视频和其他资源，请使用微信“扫一扫”功能按需扫描下列对应的二维码即可。

读者QQ群

视频效果示例

◎ 作者售后

本书由龙飞编著，参与编写的人员还有胡杨、苏高等人，在此表示感谢。由于作者知识水平有限，书中难免有疏漏之处，恳请广大读者批评、指正，沟通和交流请联系微信：2633228153。

目录

CONTENTS

【剪映AI篇】

【即梦AI绘画篇】

【综合案例篇】

【剪映 AI 篇】

第 1 章　通过剪映生成 AI 文案

一段优秀的文案能为视频注入灵魂。当你面对一段视频，不知道输入什么文案来表达视频内容、传递信息时，可以使用剪映中的 AI 功能写文案。通过剪映甚至还可以利用 AI 写讲解文案、营销文案、美食文案等，帮助更多的个人和自媒体运营短视频。本章主要介绍通过剪映生成 AI 文案的操作方法。

1.1 使用剪映手机版生成 AI 文案

在剪映中使用AI功能生成文案时，还需要输入一定的提示词，这样剪映才能进行智能分析，并整合出用户所需要的文案内容。本节主要介绍使用剪映手机版生成AI文案的方法。

001 安装并打开剪映手机版

扫码看视频

使用剪映App中的AI功能之前，首先需要安装并打开剪映App，下面介绍具体的操作方法。

步骤 01 打开手机中的应用商店，如图1-1所示。

步骤 02 点击搜索栏，在搜索文本框中输入“剪映”，点击“搜索”按钮，即可搜索到剪映App，点击剪映App右侧的“安装”按钮，如图1-2所示。

图 1-1 打开应用商店

图 1-2 点击“安装”按钮

步骤 03 执行操作后，即可开始下载并自动安装剪映App，安装完成后，在手机桌面上会显示剪映App的应用程序图标，如图1-3所示。

步骤 04 点击剪映App的应用程序图标，进入剪映App界面，弹出“个人信息保护指引”面板，点击“同意”按钮，如图1-4所示。

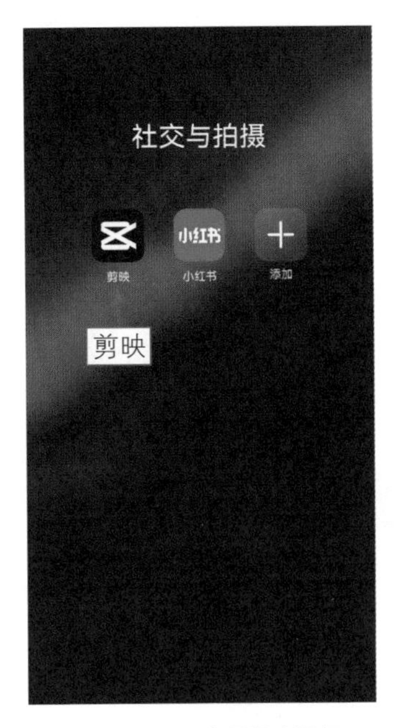

图 1-3　显示应用程序图标

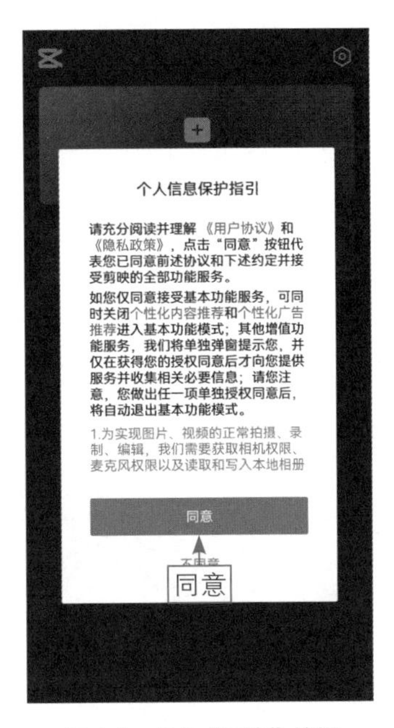

图 1-4　点击"同意"按钮

步骤 05 进入剪映App的"剪辑"界面，点击右上角的"展开"按钮，如图1-5所示。

步骤 06 展开相应的面板，在其中可以查看剪映App的相关功能，如图1-6所示。

图 1-5　点击"展开"按钮

图 1-6　查看相关功能

002 用AI生成包装文案

扫码看视频

所谓“包装”，就是让视频的内容更加丰富，使形式更加多样。通过剪映中的智能包装功能，可以一键为视频添加文字，并进行包装，该功能目前仅支持剪映手机版，每次生成的文案也会有差异，效果展示如图1-7所示。

图 1-7 效果欣赏

下面介绍用AI生成包装文案的操作方法。

步骤 01 在剪映手机版中导入视频，点击“文字”按钮，如图1-8所示。

步骤 02 在弹出的二级工具栏中，点击“智能包装”按钮，如图1-9所示。

图 1-8 点击“文字”按钮

图 1-9 点击“智能包装”按钮

步骤 03 弹出相应的进度提示，如图1-10所示。

步骤04 稍等片刻，即可生成智能文字模板，点击“编辑”按钮，如图1-11所示。

步骤05 弹出相应的面板，为了修改英文文字，点击 按钮，如图1-12所示。

图1-10　弹出相应的进度提示

图1-11　点击“编辑”按钮

图1-12　点击相应的按钮（1）

步骤06 在文本框中修改英文内容，点击 按钮，如图1-13所示。

步骤07 为了调整视频的时长，选择视频素材，在文字素材的末尾位置点击“分割”按钮，分割视频素材，点击“删除”按钮，如图1-14所示，删除多余的视频片段。

图1-13　点击相应的按钮（2）

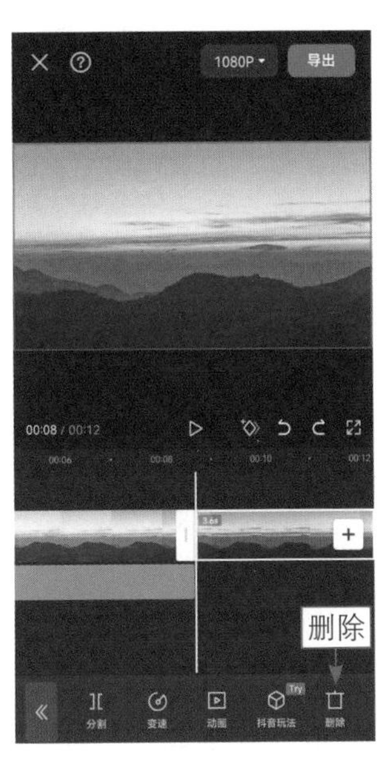

图1-14　点击“删除”按钮

003 用AI生成推荐文案

在剪映中使用文案推荐功能的时候，系统会根据视频内容，推荐很多条文案，用户只需要选择自己最满意的一条进行使用即可，该功能目前仅支持剪映手机版，效果展示如图1-15所示。

图 1-15 效果欣赏

下面介绍用AI生成推荐文案的操作方法。

步骤 01 在剪映手机版中导入视频，在一级工具栏中点击“文字”按钮，如图1-16所示。

步骤 02 在弹出的二级工具栏中，点击“智能文案”按钮，如图1-17所示。

步骤 03 弹出“智能文案”面板，为了使用剪映推荐的文案，点击“文案推荐”按钮，如图1-18所示。

图 1-16 点击“文字”按钮

图 1-17 点击“智能文案”按钮

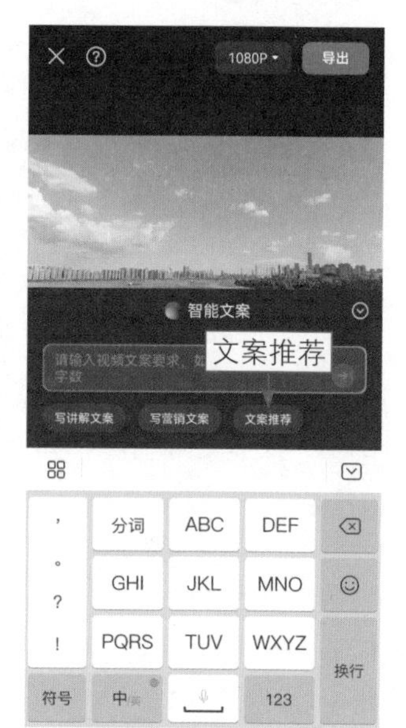

图 1-18 点击“文案推荐”按钮

步骤04 弹出相应的推荐文案，选择一条合适的文案，点击⊙按钮，如图1-19所示。

步骤05 为了修改文案样式，点击“编辑”按钮，如图1-20所示。

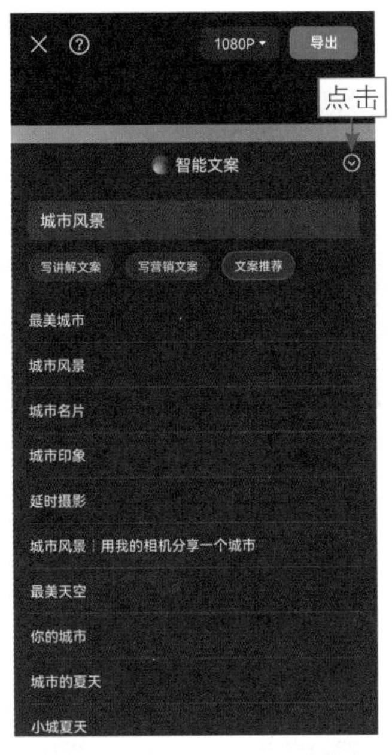

图 1-19 点击相应的按钮（1）

图 1-20 点击“编辑”按钮

步骤06 切换至“文字模板”|“片头标题”选项卡，选择一款合适的文字模板，调整文字的大小和位置，点击✓按钮，如图1-21所示。

步骤07 调整文字的时长，使其与视频的时长对齐，如图1-22所示。

图 1-21 点击相应的按钮（2）

图 1-22 调整文字的时长

004 用AI生成讲解文案

扫码看视频

本案例使用剪映中的智能文案功能，撰写一段讲解晚霞拍摄技巧的短视频脚本文案，不过使用AI生成的文案每次都会有些许差异，效果展示如图1-23所示。

图 1-23 效果欣赏

下面介绍用AI生成讲解文案的操作方法。

步骤 01 在剪映手机版中导入视频，在一级工具栏中点击“文字”按钮，如图1-24所示。

步骤 02 在弹出的二级工具栏中，点击“智能文案”按钮，如图1-25所示。

图 1-24 点击“文字”按钮

图 1-25 点击“智能文案”按钮

步骤 03 弹出“智能文案”面板，点击“写讲解文案”按钮，输入“写一篇介绍拍摄日落的技巧文案，40字”，点击➜按钮，如图1-26所示。

步骤 04 弹出进度提示，稍等片刻后生成文案内容，点击“确认”按钮，如图1-27所示。

图 1-26　点击相应的按钮（1）

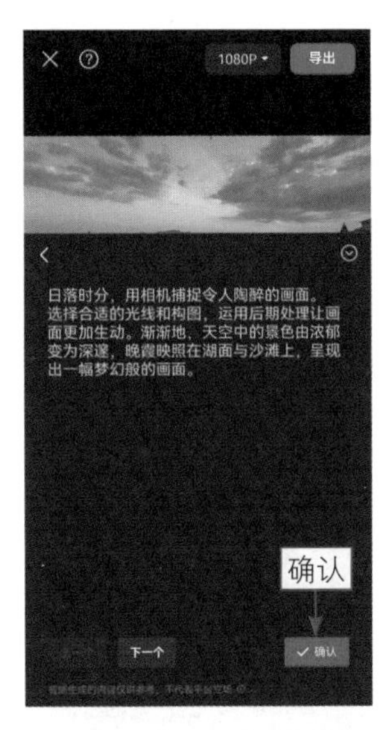

图 1-27　点击“确认”按钮

步骤 05 弹出相应的面板，选择“文本朗读”选项，点击“添加至轨道”按钮，如图1-28所示。

步骤 06 弹出“音色选择”面板，为了给文案配音，选择“知性女声”选项，点击☑按钮，如图1-29所示。

图 1-28　点击“添加至轨道”按钮

图 1-29　点击相应的按钮（2）

步骤 07 为了修改文案样式，点击“编辑字幕”按钮，如图1-30所示。

步骤 08 在文案中适当添加标点符号，选择第1段文字，点击Aa按钮，如图1-31所示。

图 1-30 点击“编辑字幕”按钮

图 1-31 点击 Aa 按钮

步骤 09 切换至“字体”|“热门”选项卡，选择合适的字体，如图1-32所示。

步骤 10 切换至“样式”选项卡，选择一个样式，设置“字号”参数为6，微微放大文字，如图1-33所示。

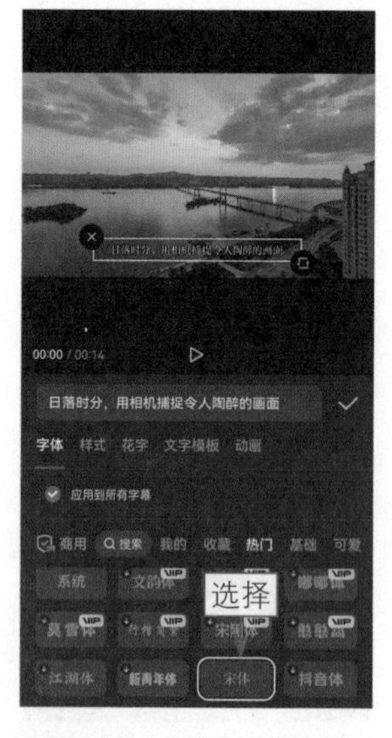

图 1-32 选择合适的字体

图 1-33 设置“字号”参数

005　用AI生成营销文案

扫码看视频

在剪映中使用AI功能写营销文案时，也需要输入相应的提示词，这样系统才能写出满足用户需求的文案，并生成相应的字幕，效果展示如图1-34所示。

图 1-34　效果欣赏

下面介绍用AI生成营销文案的操作方法。

步骤 01 在剪映手机版中导入视频，在一级工具栏中点击“文字”按钮，如图1-35所示。

步骤 02 在弹出的二级工具栏中，点击“智能文案”按钮，如图1-36所示。

步骤 03 弹出“智能文案”面板，点击“写营销文案”按钮，输入名称为“蔡伦竹海”、卖点为“风景优美，适合旅游，60字”，如图1-37所示，点击➔按钮。

图 1-35　点击“文字”按钮

图 1-36　点击“智能文案”按钮

图 1-37　输入相应的内容

步骤 04 稍等片刻，即可生成文案内容，点击“确认”按钮，如图1-38所示。

步骤 05 弹出相应的面板，选择“文本朗读”选项，点击“添加至轨道”按钮，如图1-39所示。

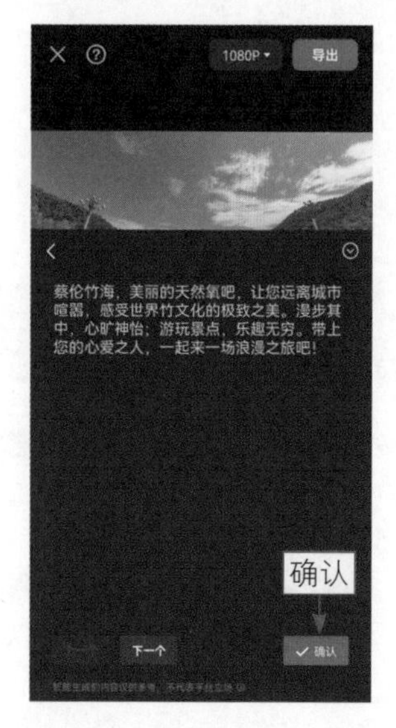

图 1-38 点击“确认”按钮

图 1-39 点击“添加至轨道”按钮

步骤 06 弹出“音色选择”面板，为了给文案配音，选择“阳光男生”选项，如图1-40所示，点击☑按钮。

步骤 07 为了修改文案样式，点击“编辑字幕”按钮，如图1-41所示。

图 1-40 选择“阳光男生”选项

图 1-41 点击“编辑字幕”按钮

步骤 08 选择第1段文字，点击Aa按钮，如图1-42所示。

步骤 09 在“样式”选项卡中，选择一个样式，设置“字号”参数为6，如图1-43所示，微微放大文字。

图 1-42　点击 Aa 按钮

图 1-43　设置“字号”参数

步骤 10 切换至“字体”|“热门”选项卡，选择合适的字体，如图1-44所示。

步骤 11 选择视频素材，在音频的末尾位置点击“分割”按钮，分割素材，点击“删除”按钮，如图1-45所示，删除多余的视频片段。

图 1-44　选择合适的字体

图 1-45　点击“删除”按钮

006 用AI生成美食文案

扫码看视频

使用剪映的图文成片功能，用户除了可以自由编辑文案，还可以让它智能生成各种类型和风格的文案。下面将以智能写美食教程文案为例，向大家介绍这个功能，具体操作步骤如下。

步骤 01 打开剪映手机版，进入“剪辑”界面，为了生成美食教程文案，点击“图文成片”按钮，如图1-46所示。

步骤 02 进入“图文成片”界面，选择“美食教程”选项，如图1-47所示。

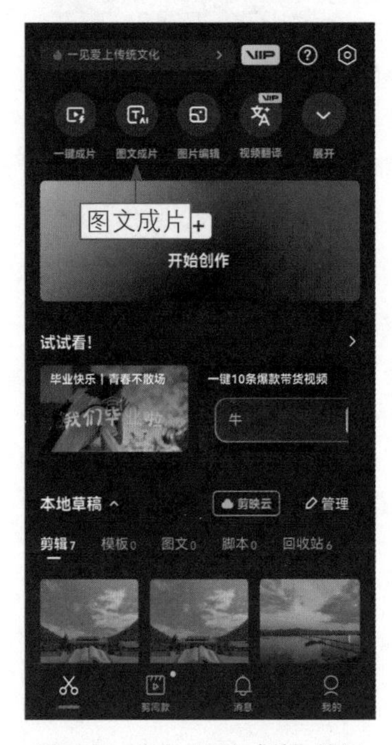

图 1-46 点击“图文成片”按钮

图 1-47 选择“美食教程”选项

步骤 03 进入“美食教程”界面，输入“美食名称”为“香辣口味虾”、“美食做法”为“起锅烧油，快速爆炒，调味”，设置“视频时长”为“1分钟左右”，点击“生成文案”按钮，如图1-48所示。

步骤 04 稍等片刻，即可生成相应的文案结果，点击“编辑”按钮，如图1-49所示。

步骤 05 进入相应的界面，在其中可以编辑和修改文案，如图1-50所示。

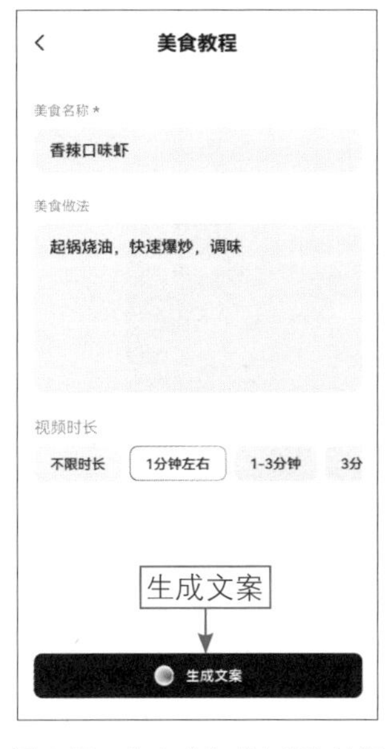

图 1-48　点击“生成文案”按钮

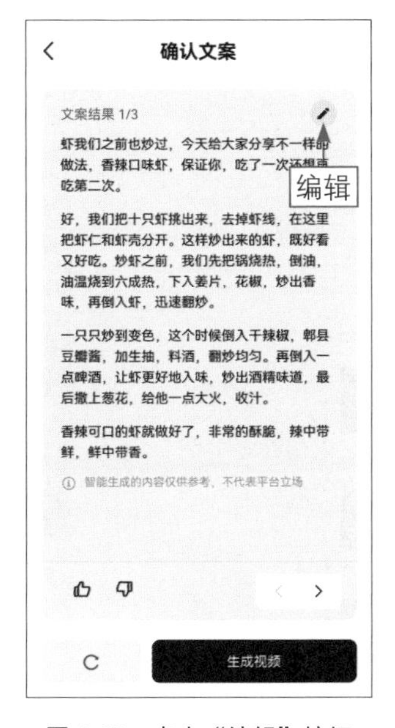

图 1-49　点击“编辑”按钮

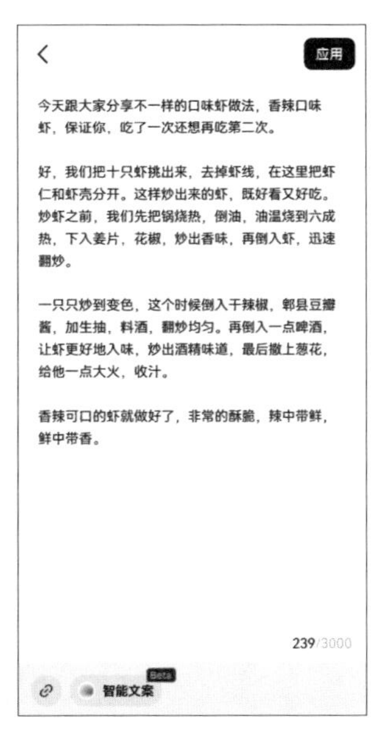

图 1-50　编辑和修改文案

007　用AI获取链接的文案

扫码看视频

想要从链接中获取文案，用户需要先选好头条文章，并复制文章的链接，然后粘贴到剪映的“图文成片”界面中，这样就可以通过AI提取文章的文案内容。下面介绍用AI获取链接文案的操作方法。

步骤 01 在手机应用商店下载并安装好今日头条 App，点击“今日头条”图标，如图1-51所示，打开今日头条。

步骤 02 为了搜索账号，在搜索栏中输入“手机摄影构图大全”，点击“搜索”按钮，弹出相应的搜索结果，选择相应的账号，如图1-52所示。

步骤 03 进入账号首页，切换至“文章”选项卡，点击相应文章的标题，如图 1-53 所示。

图 1-51　点击“今日头条”图标

图 1-52　选择相应的账号

步骤 04 进入文章详情界面，点击右上角的···按钮，弹出相应的面板，点击“复制链接”按钮，如图1-54所示，复制文章的链接。

图 1-53　点击相应文章的标题

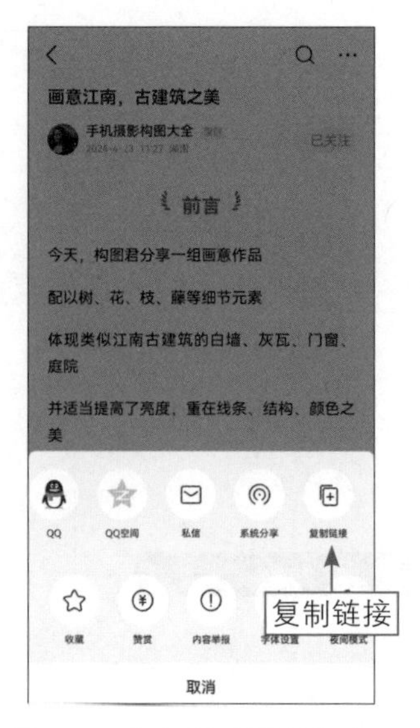

图 1-54　点击“复制链接”按钮

步骤 05 打开剪映手机版，进入“剪辑”界面，在其中点击“图文成片”按钮，如图1-55所示。

步骤 06 执行操作后，进入“图文成片”界面，在其中点击“自由编辑文案”按钮，如图1-56所示。

图 1-55　点击“图文成片”按钮

图 1-56　点击“自由编辑文案”按钮

步骤07 进入相应的界面，点击“链接”🔗按钮，如图1-57所示。

步骤08 在弹出的面板中粘贴文章链接，点击“获取文案”按钮，如图1-58所示。

步骤09 稍等片刻，即可获取文章内容，如图1-59所示。

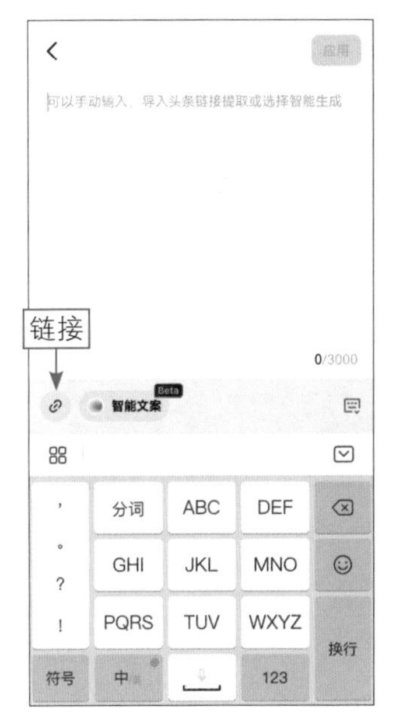

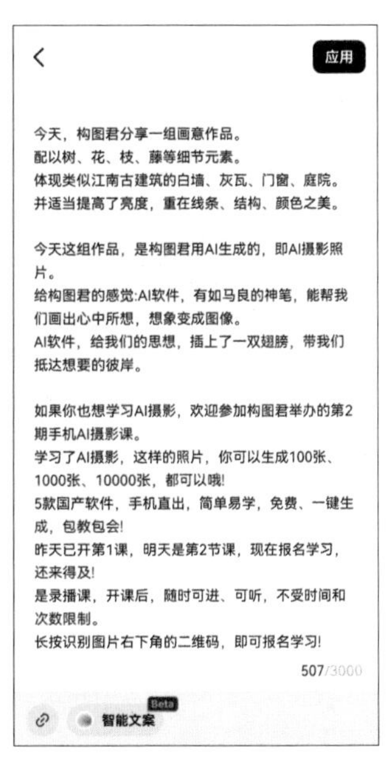

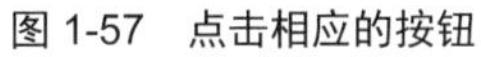
图 1-57　点击相应的按钮　　图 1-58　点击“获取文案”按钮　　图 1-59　获取文章内容

1.2　使用剪映电脑版生成 AI 文案

用户不仅可以使用剪映手机版生成各种AI文案，还可以使用剪映电脑版生成情感关系文案、家居分享文案及旅行攻略文案等，本节将介绍相关操作。

008　用AI生成情感关系文案

扫码看视频

情感关系文案通常用于表达个人的情感、态度、愿望，或者对特定的人或事物的感情，可以帮助人们更清晰、更深刻地表达自己的内心感受。下面介绍用AI生成情感关系文案的操作方法。

步骤01 进入剪映电脑版首页，为了生成情感关系文案，单击“图文成片”按钮，如图1-60所示。

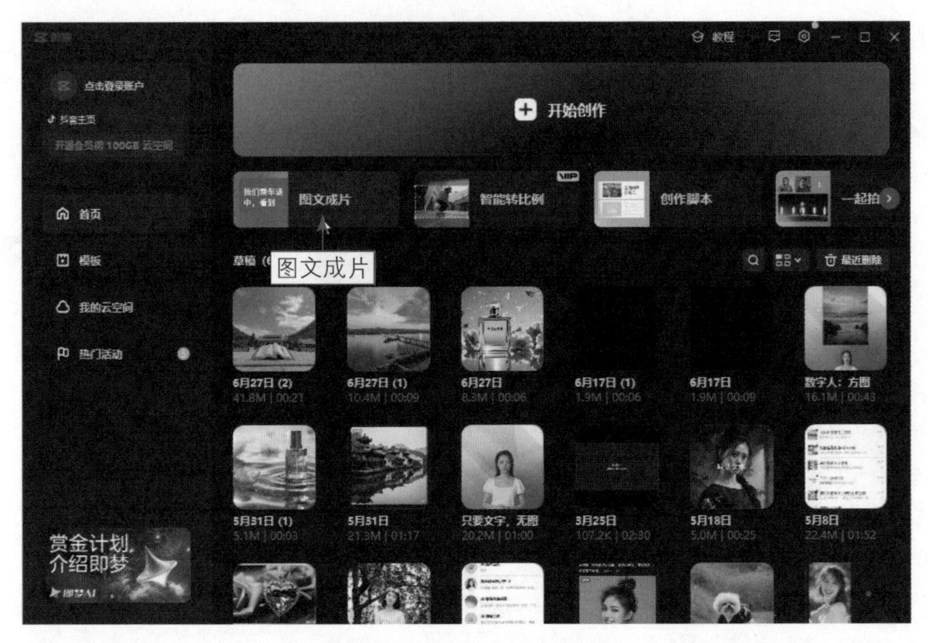

图 1-60　单击“图文成片”按钮

步骤 02 进入“图文成片”界面，切换至“情感关系”选项卡，输入“主题”为“美好的爱情”、“话题”为“如何让一段关系保持长久的新鲜感”，设置“视频时长”为“1分钟左右”，如图1-61所示，单击“生成文案”按钮。

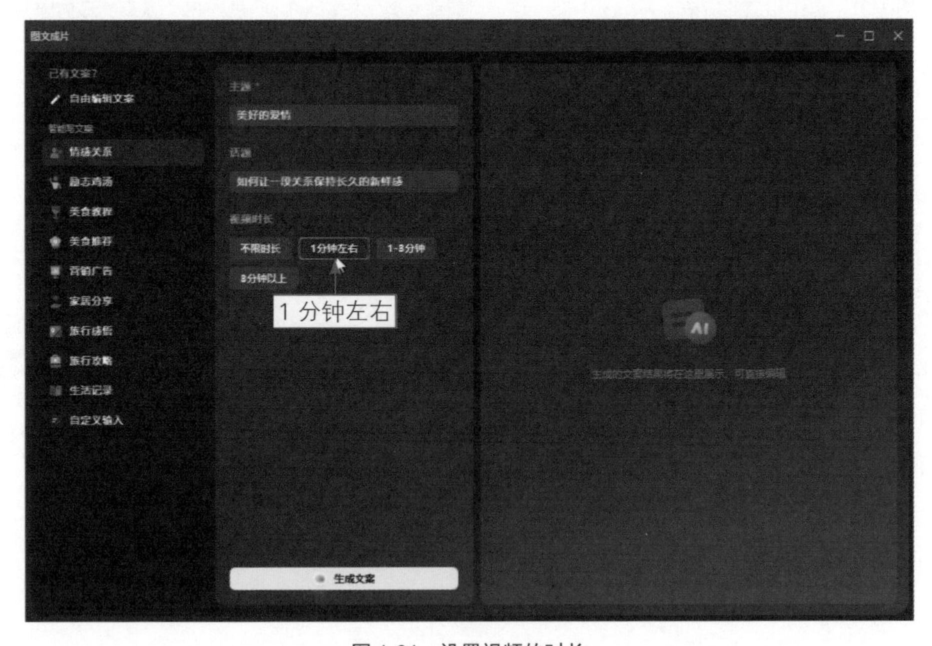

图 1-61　设置视频的时长

步骤 03 稍等片刻，即可生成相应的文案，结果如图1-62所示。单击 > 按钮，可以切换文案；单击“重新生成”按钮，可以重新生成文案。

图 1-62　生成相应的文案

009　用AI生成家居分享文案

扫码看视频

通过家居分享文案可以展示个人或品牌的家居风格，吸引具有相似品味的受众。另外，分享家居布置、装修、维护等方面的经验和技巧，可以帮助他人获得灵感或解决问题。在社交媒体上发布家居分享文案，可以增加与粉丝或朋友的互动，建立社区感。下面介绍用AI生成家居分享文案的操作方法。

步骤 01 为了生成家居分享文案，进入剪映电脑版首页，单击“图文成片”按钮，如图1-63所示。

步骤 02 进入“图文成片”界面，切换至“家居分享”选项卡，在其中输入主题和分享要点，并设置“视频时长”为“1分钟左右”，如图1-64所示，单击“生成文案”按钮。

图 1-63　单击“图文成片”按钮

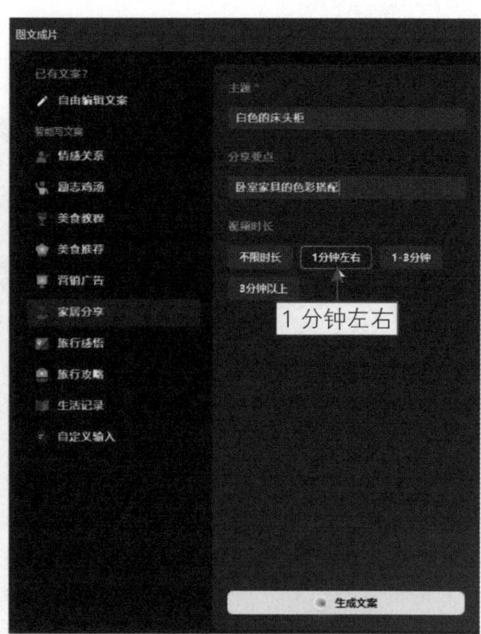

图 1-64　设置视频的时长

步骤 03 稍等片刻，即可生成相应的文案，结果如图1-65所示。单击>按钮，可以切换文案；单击“重新生成”按钮，可以重新生成文案。

图 1-65　生成相应的家居分享文案

010　用AI生成旅行攻略文案

扫码看视频

旅行攻略文案是一种专门用于介绍旅游目的地、提供旅行建议和信息的文本内容。这种文案内容可以向旅游者提供目的地的基本信息，如地理位置、文化背景、气候条件等，帮助旅游者规划旅行路线，包括推荐的景点、活动和体验。通过提供详细的旅行攻略，帮助旅游者避免在旅行过程中浪费时间。

下面介绍用AI生成旅行攻略文案的操作方法。

步骤 01 为了生成旅行攻略文案，进入剪映电脑版首页，单击“图文成片”按钮，如图1-66所示。

步骤 02 进入“图文成片”界面，切换至“旅行攻略”选项卡，输入“旅行地点”为“长沙”、“主题”为“必去景点，住宿选择”，设置“视频时长”为“1分钟左右”，如图1-67所示。

图 1-66　单击“图文成片”按钮

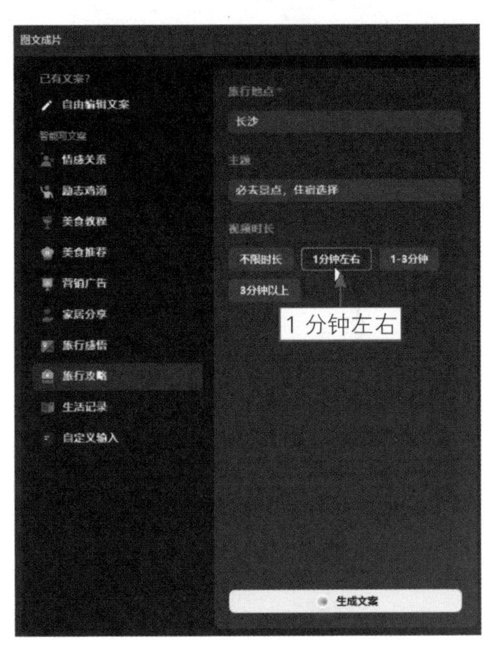

图 1-67　设置视频的时长

★ 专家提醒 ★

旅行攻略文案是连接旅游者和目的地的重要桥梁，它不仅可以帮助旅游者更好地规划和享受旅行，也可以宣传旅游目的地并为其带来经济利益。

步骤 03 单击“生成文案”按钮，即可生成相应的文案，结果如图1-68所示。

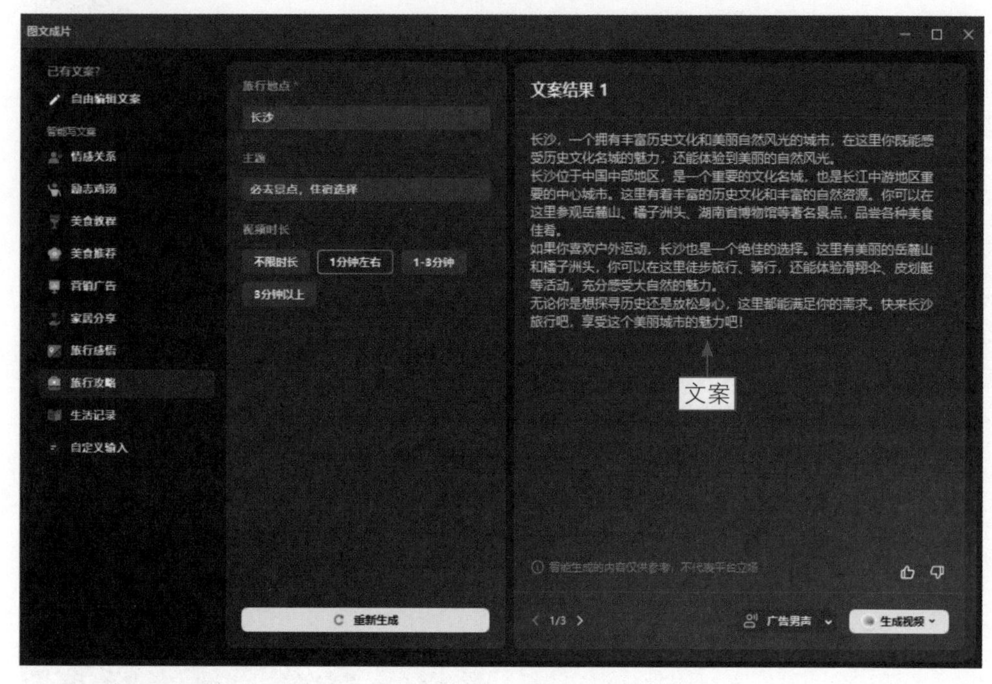

图 1-68 生成相应的文案

★ 专家提醒 ★

在剪映电脑版的“图文成片”界面中，用户还可以根据需要生成各种励志鸡汤、营销广告、旅游感悟及生活记录等文案内容。

第 2 章　通过剪映进行 AI 绘画

剪映 App 是一款功能非常全面的视频剪辑软件，目前剪映 App 中新增了“AI 作图”功能，通过引入先进的深度学习技术，为用户生成绘画作品提供了便利，受到了广泛好评。本章主要介绍使用剪映 App 进行 AI 绘画的操作方法。

2.1 使用剪映手机版进行 AI 作图

剪映App主要用于视频编辑，但也具备一些AI绘画功能，比如AI作图、AI商品图、AI特效等，可以帮助用户轻松生成满意的AI绘画作品。本节主要介绍使用剪映手机版生成AI绘画作品的操作方法。

011 输入提示词进行AI绘画

扫码看视频

使用剪映的AI作图功能，只需要在文本框中输入相应的提示词，即可进行AI绘画，效果如图2-1所示。

图 2-1 效果欣赏

下面介绍输入提示词进行AI绘画的操作方法。

步骤 01 在“剪辑”界面中，点击右上角的“展开”按钮，展开相应的面板，点击“AI作图”图标，如图2-2所示。

步骤 02 执行操作后，进入“创作”界面，上方显示了之前已经生成的AI作品效果，点击下方的输入框，如图2-3所示。

步骤 03 输入相应的提示词，点击“立即生成”按钮，如图2-4所示。

步骤 04 执行操作后，即可生成相应的AI绘画作品，选择第3张图片，点击下方的“超清图”按钮，如图2-5所示。

步骤 05 执行操作后，即可生成高清图片，如图2-6所示。

图 2-2　点击“AI 作图”图标

图 2-3　点击输入框

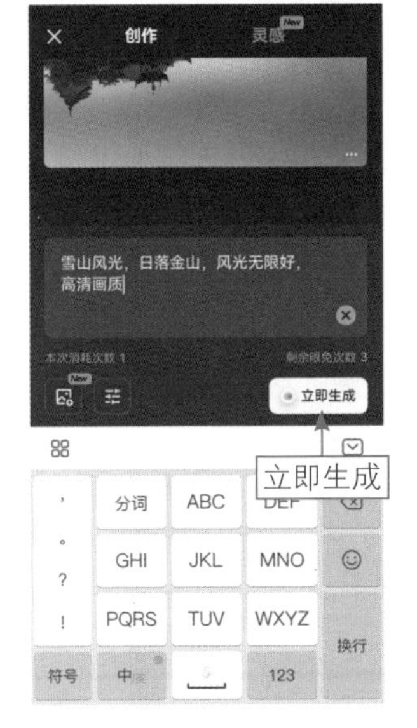

图 2-4　点击“立即生成”按钮

图 2-5　点击“超清图”按钮

图 2-6　生成的高清图片

012　使用模板作品进行AI绘画

扫码看视频

在“AI作图”的“灵感”界面，提供了一系列优秀的作品和相应的提示词，该功能对用户具有多方面的用途和好处，通过观察和分析别人的优秀作品，用户可以了解不同的艺术风格，学习不同的构图技巧，以及了解如何有效地使用提示词来引导AI生成期望的图像，效果如图2-7所示，这对初学者来说是一种快速提高创作能力的方法。

下面介绍使用模板作品进行AI绘画的操作方法。

步骤 01 在“剪辑”界面中，点击“AI作图”图标，进入“创作”界面，点击“灵感”标签，进入“灵感”界面，如图2-8所示。

图 2-7　效果欣赏

步骤 02 点击上方的“插画”标签，切换至“插画”选项卡，在相应的图片模板上点击“做同款”按钮，如图2-9所示。

图 2-8　进入“灵感”界面

图 2-9　点击“做同款”按钮

★ 专家提醒 ★

在使用剪映 App 的 AI 作图功能的过程中，需要用户注意的是，即使是相同的关键词，剪映 App 每次生成的图片效果也不一样，用户应把更多的精力放在提示词的编写和实操步骤上。

步骤 03 进入“创作”界面，其中显示了模板中的提示词，点击“立即生成”按钮，如图2-10所示。

步骤 04 执行操作后，即可生成相应类型的AI图片，如图2-11所示。

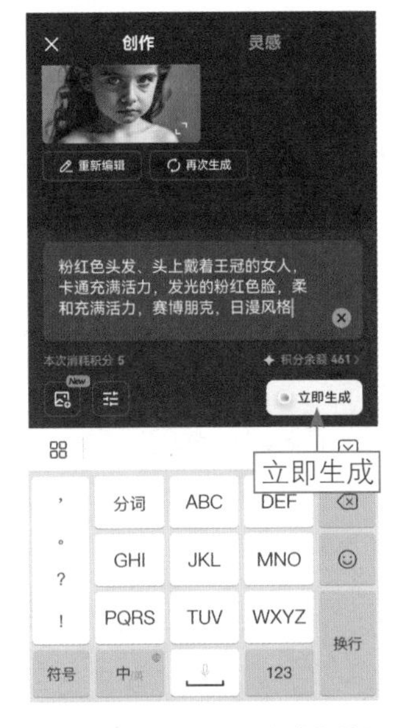

图 2-10　点击“立即生成”按钮

图 2-11　生成 AI 图片

013　使用AI商品图功能进行AI创作

扫码看视频

使用剪映的“AI商品图”功能，用户可以轻松实现一键抠图并更换背景，从而快速制作出各种引人注目的商品图片效果。

例如，使用“AI商品图”功能可以非常方便地制作商品主图，这对于提升电商平台上的商品展示效果至关重要。商品主图通常是潜在买家看到的第一张图片，因此它需要足够吸引人，同时清晰地展示商品特点，原图与效果图对比如图2-12所示。

图 2-12　原图与效果图对比

下面介绍使用“AI商品图”功能的操作方法。

步骤 01 在“剪辑”界面中，点击右上角的“展开”按钮，展开相应的面板，点击“AI商品图”按钮，如图2-13所示。

步骤 02 执行操作后，进入手机相册选择一张原图，点击“编辑”按钮，系统会自动进行抠图处理，去除商品背景，效果如图2-14所示。

图 2-13 点击“AI 商品图”按钮

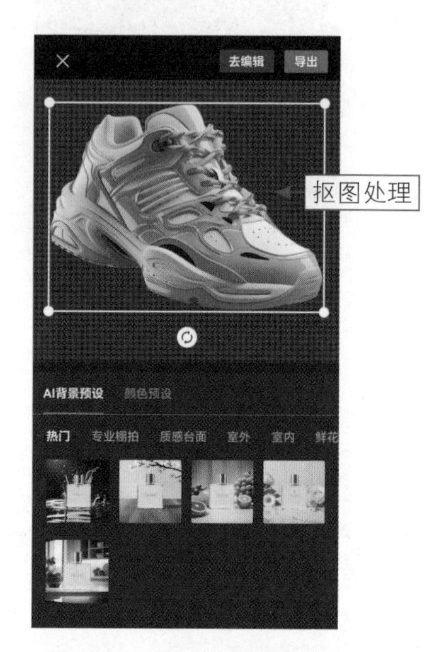

图 2-14 去除商品背景效果

步骤 03 适当调整图片的大小，并移至合适的位置，然后在下方的“热门”选项卡中，可以选择相应的背景效果，如图2-15所示。

步骤 04 切换至“室外”选项卡，选择合适的背景效果，如图2-16所示。

步骤 05 在“室外”选项卡中，再次选择一个背景效果，如图2-17所示。

步骤 06 点击右上角的“导出”按钮，即可导出做好的AI

图 2-15 选择相应的背景效果

图 2-16 选择合适的背景效果

商品图，点击右上角的“完成”按钮即可，如图 2-18 所示。

图 2-17　选择其他的背景效果

图 2-18　点击“完成”按钮

014　使用AI特效进行绘画创作

扫码看视频

剪映的“AI特效”功能与即梦AI的图生图功能类似，都利用了人工智能技术来增强和简化图像的编辑过程，用户只需上传一张参考图，即可用AI做出各种图片效果，帮助用户轻松实现创意构想，原图与效果对图比如图2-19所示。

图 2-19　原图与效果图对比

下面介绍使用“AI特效”功能的操作方法。

步骤 01 在“剪辑”界面的功能区中，点击“AI特效”按钮，如图2-20所示。

步骤 02 执行操作后，进入“AI特效”界面，查看功能说明（初次打开该功能时才会有），点击“试一试”按钮，如图2-21所示。

图 2-20 点击“AI 特效”按钮

图 2-21 点击“试一试”按钮

步骤 03 执行操作后，进入手机相册，选择相应的参考图，如图 2-22 所示。

步骤 04 执行操作后，进入“AI 特效”界面，上传相应的参考图，点击“灵感”按钮，如图 2-23 所示。

步骤 05 执行操作后，弹出“灵感”面板，在相应的预设风格下方点击“试一试”按钮，如图 2-24 所示。

图 2-22 选择相应的参考图

图 2-23 点击“灵感”按钮

步骤 06 返回“AI特效”界面，系统会自动填入预设风格的提示词，如图2-25所示。

图 2-24　点击“试一试”按钮

图 2-25　自动填入预设风格的提示词

步骤 07 设置“相似”参数为 66，让 AI 的生图效果更接近提示词，点击“立即生成”按钮，如图 2-26所示。

步骤 08 执行操作后，即可根据提示词的要求生成相应风格的图像，点击“保存”按钮，如图2-27所示，即可保存效果图。

图 2-26　点击“立即生成”按钮

图 2-27　点击“保存”按钮

015 轻松生成超清晰的AI图片

扫码看视频

剪映的“超清图片”功能可以提升图片的清晰度和质量，使用该功能能够对图片进行锐化处理，使其看起来更加清晰和细腻，原图与效果图对比如图2-28所示。

图 2-28 原图与效果图对比

下面介绍使用“超清图片”功能的操作方法。

步骤 01 在“剪辑”界面的功能区中，点击“超清图片”按钮，如图2-29所示。

步骤 02 执行操作后，进入手机相册，选择需要处理的原图，点击“编辑”按钮，如图2-30所示。

步骤 03 执行操作后，进入相应的界面，系统会自动提升图像的清晰度，点击“尺寸”按钮，如图2-31所示。

步骤 04 执行操作后，在弹出的列表框中选择“商品主图”尺寸预设，点击“创建”按钮，如图 2-32 所示。

图 2-29 点击“超清图片”按钮

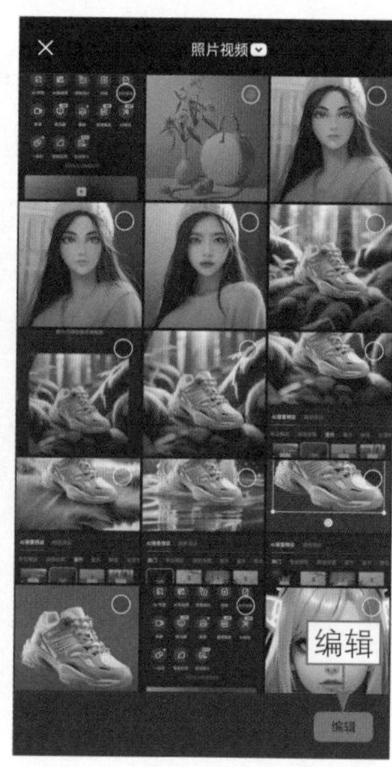

图 2-30 点击“编辑”按钮

图 2-31　点击“尺寸”按钮

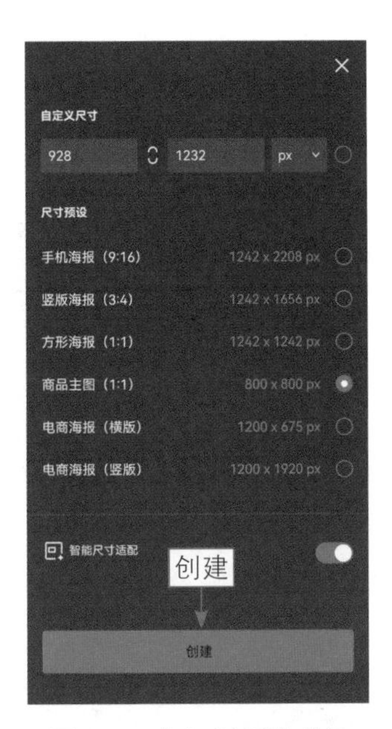

图 2-32　点击“创建”按钮

步骤 05 执行操作后，即可自动裁剪图片，使其符合商品主图的尺寸要求，点击“贴纸”按钮，如图2-33所示。

步骤 06 执行操作后，选择合适的贴纸效果，并适当调整贴纸的大小，如图2-34所示。

图 2-33　点击“贴纸”按钮

图 2-34　调整贴纸的大小

步骤 07 确认后返回，适当调整图像和贴纸的位置，点击“导出”按钮，如图2-35所示。

步骤 08 执行操作后，即可导出做好的商品主图，效果如图2-36所示。

图 2-35 点击“导出”按钮

图 2-36 导出做好的商品主图

2.2 使用剪映手机版进行二次创作

目前，剪映App中的“AI作图”功能已经取得了很大的进步，但仍然存在一些局限性。AI模型是基于大量的训练数据进行学习的，如果训练数据中缺乏手指变形的样本，则模型可能无法准确地绘制出人物手指的形状。本节主要介绍使用剪映手机版对AI图片的局部进行二次绘画与精修的操作方法。

016 更换人物衣服的颜色

扫码看视频

在剪映App中，“微调”功能使用了图像分割和颜色替换等技术，使得用户能够在不重新绘制整个图像的情况下，轻松地对局部细节进行修改，素材与效果图对比如图2-37所示。

图 2-37　素材与效果图对比

下面介绍更换人物衣服颜色的操作方法。

步骤 01 在“创作”界面中，通过相应的提示词生成4幅人像照片，选择其中一张需要更改衣服颜色的人物照片，点击下方的“微调”按钮，如图2-38所示。

步骤 02 弹出“微调”面板，在输入框中基于原描述进行适当修改，如图2-39所示。

图 2-38　点击“微调”按钮

图 2-39　基于原描述进行修改

步骤 03 点击“确认”按钮，即可重新生成相应的AI照片，可以看到人物的衣服已经变为黄色，如图2-40所示。

步骤 04 选择第3张AI照片，点击“超清图”按钮，预览高清照片，效果如图2-41所示。

图 2-40　重新生成 AI 照片

图 2-41　预览高清照片

017　调整AI照片的精细程度

扫码看视频

在剪映App中，“精细度”参数主要用于控制生成图像的质量和精细程度。通常情况下，“精细度”的数值越高，生成的图像质量越好，细节越丰富，但同时也会增加生成图像所需的时间，效果如图2-42所示。

下面介绍调整AI照片精细程度的操作方法。

步骤 01 进入“创作”界面，在输入框中输入相应的提示词，如图2-43所示。

步骤 02 点击下方的按钮，弹出“参数调整”面板，在其中设置“精细度”为50，如图2-44所示，可以使生成的AI照片细节很丰富，具有较高的图像质量。

图 2-42　效果欣赏

图 2-43　输入提示词内容

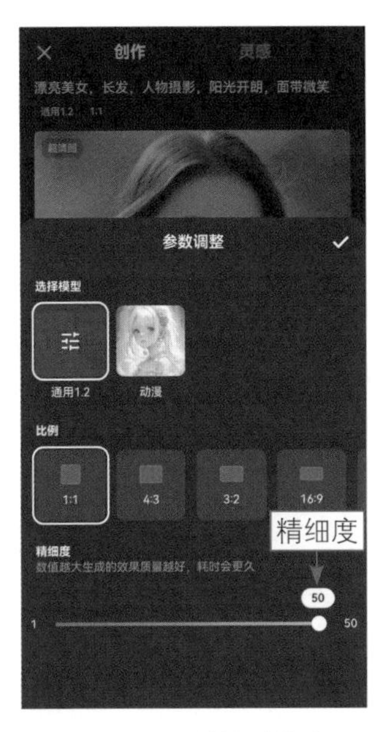

图 2-44　设置“精细度”为 50

步骤 03 点击✔按钮，然后点击“立即生成”按钮，即可生成精细度较高的AI照片，细节很丰富，如图2-45所示。

步骤 04 选择第2张AI照片，点击“超清图”按钮，预览高清照片，效果如图2-46所示。

图 2-45　生成精细度较高的 AI 照片

图 2-46　预览高清照片

018 扩展AI照片四周的区域

在剪映App中，利用“扩图”功能可以基于现有的图片生成更多的内容，即人工智能技术通过理解图片的风格、内容和结构，在此基础上创造性地扩展图片，使其包含更多的场景或细节，使图片更加丰富和吸引人，增强观赏性和沉浸感，素材与效果图对比如图2-47所示。

图 2-47 素材与效果图对比

下面介绍扩展AI照片四周区域的操作方法。

步骤 01 进入“创作”界面，通过相应的提示词生成一张超高清的动物图片，点击需要扩展的动物图片，如图2-48所示。

步骤 02 执行操作后，进入相应的界面，点击下方的“扩图”按钮，如图2-49所示。

图 2-48 点击动物图片

图 2-49 点击“扩图”按钮

步骤 03 执行操作后，弹出“扩图”面板，在其中设置“等比扩图”为2x，如图2-50所示，表示将图片扩大两倍。

步骤 04 点击下方的输入框，在输入框中重新输入扩图后的内容要求，如图2-51所示。

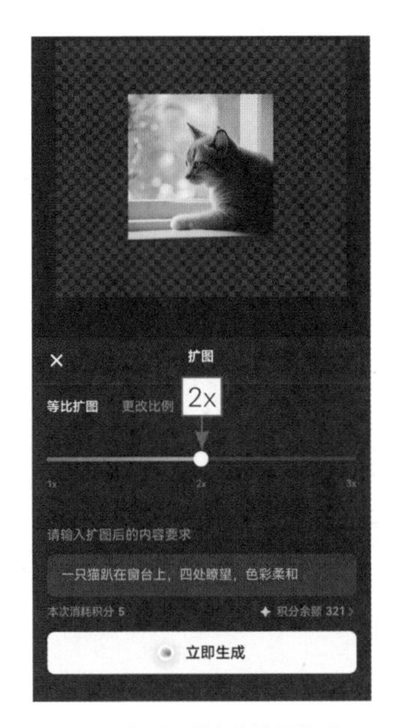

图 2-50 设置“等比扩图”为 2x

图 2-51 输入扩图后的内容要求

★ 专家提醒 ★

在“扩图”面板中，如果将“等比扩图”设置为3x，可以将图片扩大3倍。

步骤 05 点击“确认”按钮，然后点击“立即生成”按钮，即可重新生成相应的照片，如图2-52所示，可以看到照片场景被扩大了两倍，展现了更多的场景和细节。

步骤 06 选择第3张AI照片，点击“超清图”按钮，预览高清照片，效果如图2-53所示。

图 2-52 重新生成相应的照片

图 2-53 预览高清照片

019 制作照片的磨砂质感效果

扫码看视频

高级磨砂质感是一种具有光滑、柔和、细腻的外观和触感的图像处理效果，可以使图像看起来仿佛覆盖了一层细腻的磨砂材质，能给人一种柔和、温暖的感觉，这种效果通常用来美化照片或设计作品，增加其视觉吸引力和质感，素材与效果图对比如图2-54所示。

图 2-54 素材与效果图对比

下面介绍为照片制作磨砂质感效果的操作方法。

步骤 01 进入“创作”界面，通过相应的提示词生成一张超高清的风光照片，点击需要调整的AI照片，进入相应的界面，点击“编辑更多”按钮，进入相应的界面，点击“调节”按钮，如图2-55所示。

步骤 02 弹出“调节”面板，设置“纹理”为100，如图2-56所示，增强图像中的纹理细节，使其具有磨砂质感。

步骤 03 设置“颗粒”为31，如图2-57所示，增强图像中的颗粒效果，使其更加明显和粗糙，使画

图 2-55 点击“调节”按钮

图 2-56 设置“纹理”参数为 100

面更具有纹理和层次感。

步骤 04 设置“对比度”为29，如图2-58所示，提升画面的视觉效果，点击右侧的✓按钮，即可完成操作。

图 2-57　设置“颗粒”参数为 31

图 2-58　设置“对比度”参数为 29

020　为照片应用高级滤镜效果

扫码看视频

通过添加滤镜效果可以为图像增添一份艺术性和独特性，使其更具吸引力和观赏性，这些高级感的滤镜效果通常模拟了传统艺术媒介（如油画、水彩画等）的效果，或者模拟了特殊的摄影技术，从而为图像赋予新的视觉效果，素材与效果图对比如图2-59所示。

图 2-59　素材和效果图对比

下面介绍为AI图片应用高级滤镜效果的操作方法。

步骤 01 进入“创作”界面，通过相应的提示词生成一张超高清的美食图片，点击需要调整的AI图片，进入相应的界面，点击“编辑更多”按钮，进入相应的界面，点击“滤镜”按钮，如图2-60所示。

图2-60 点击“滤镜”按钮

图2-61 选择“古早记忆”选项

步骤 02 弹出相应的面板，其中显示了上百种滤镜效果，在“热门”选项卡中选择“古早记忆”选项，如图2-61所示，使图片呈现出一种复古、怀旧的视觉效果。

步骤 03 在“质感”选项卡中选择“冷白皮”选项，如图2-62所示，对美食的色调进行调整，使其呈现出较为清爽的外观。

步骤 04 滤镜添加完成后，点击右侧的✓按钮，然后点击“导出”按钮，如图2-63所示，即可完成操作。

图2-62 选择“冷白皮”滤镜效果

图2-63 点击“导出”按钮

第 3 章　通过剪映生成 AI 视频

当用户在面对素材，不知道剪辑出什么风格的视频时，可以使用剪映中的“一键成片”功能、“图文成片”功能、“剪同款”功能、“营销成片”功能及“模板”功能等，快速生成一段视频画面，更有多种风格可选，让视频剪辑变得更简单。本章主要介绍通过剪映生成 AI 视频的方法，帮助大家轻松制作短视频。

3.1 使用剪映手机版生成 AI 视频

在数字化时代，视频已成为最主要的传播媒介之一。剪映凭借其强大的AI视频生成与剪辑功能，为广大视频创作者提供了前所未有的便捷。本节将介绍如何利用剪映手机版的AI技术简化视频制作流程，一站式实现从视频的生成、剪辑到最终的输出全流程，快速制作出令人印象深刻的视频作品。

021 一键成片

扫码看视频

使用剪映的“一键成片”功能，用户不需要具备专业的视频编辑技能或花费大量时间进行后期处理，只需几个简单的步骤，就可以将图片、视频片段、音乐和文字等素材融合在一起，AI将自动为用户生成一段流畅且吸引人的视频，效果如图3-1所示。

图 3-1 效果展示

下面介绍使用“一键成片”功能的操作方法。

步骤 01 在“剪辑”界面的功能区中，点击“一键成片”按钮，如图3-2所示。

步骤 02 进入手机相册，选择相应的图片素材，点击“下一步”按钮，如图3-3所示。

步骤 03 执行操作后，进入“选择模板”界面，系统会匹配合适的模板，如图3-4所示。

步骤 04 用户也可以在下方选择相应的模板，自动对视频素材进行剪辑，选择中意的模板后，点击“导出”按钮，如图3-5所示。

图 3-2　点击“一键成片”按钮

图 3-3　点击“下一步”按钮

步骤 05 执行操作后，弹出“导出设置”面板，点击保存按钮，如图3-45所示，即可快速导出做好的视频，如图3-6所示。

图 3-4　匹配合适的模板

图 3-5　点击“导出”按钮

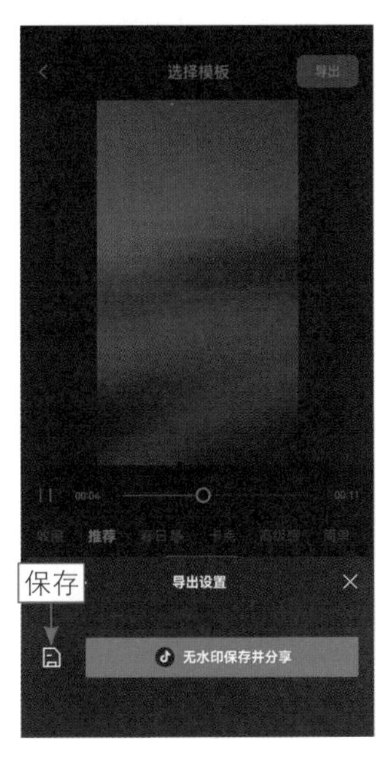

图 3-6　点击保存按钮

022 图文成片

扫码看视频

使用剪映的“图文成片”功能，可以帮助用户将静态的图片和文字转化为动态的视频，从而吸引更多的观众注意，并提升内容的表现力。

通过“图文成片”功能，用户可以轻松地将一系列图片和文字编排成具有吸引力的视频。“图文成片”功能不仅简化了视频制作流程，还为用户提供了丰富的创意空间，让他们能够以全新的方式分享信息和故事，效果如图3-7所示。

图 3-7 效果展示

下面介绍使用“图文成片”功能的操作方法。

步骤 01 在“剪辑”界面的功能区中，点击“图文成片”按钮，如图3-8所示。

步骤 02 执行操作后，进入“图文成片”界面，在“智能写文案”选项区中选择“美食教程”选项，如图3-9所示。

步骤 03 执行操作后，进入“美食教程”界面，输入相应的美食名称和美食做法，并选择合适的视频时长，点击“生成文案”按钮，如图3-10所示。

步骤 04 执行操作后，进入“确认文案”界面，显示AI生成的文案内容，点击“生成视频”按钮，如图3-11所示。

步骤 05 弹出“请选择成片方式”面板，选择“智能匹配素材”选项，如图3-12所示。

图 3-8　点击“图文成片”按钮

图 3-9　选择“美食教程”选项

图 3-10　点击“生成文案”按钮

步骤 06 执行操作后，即可自动合成视频，效果如图3-13所示。

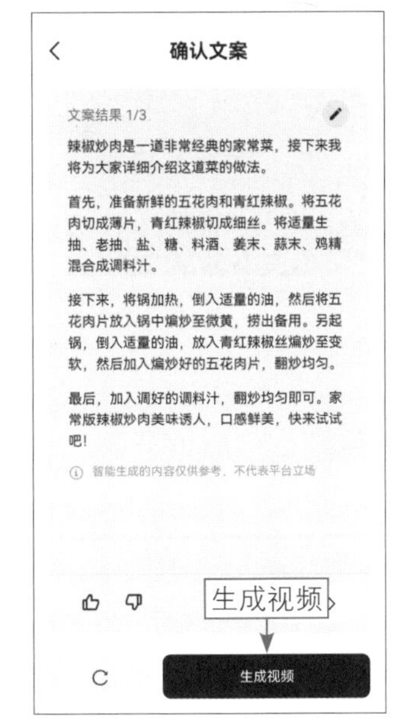

图 3-11　点击“生成视频”按钮

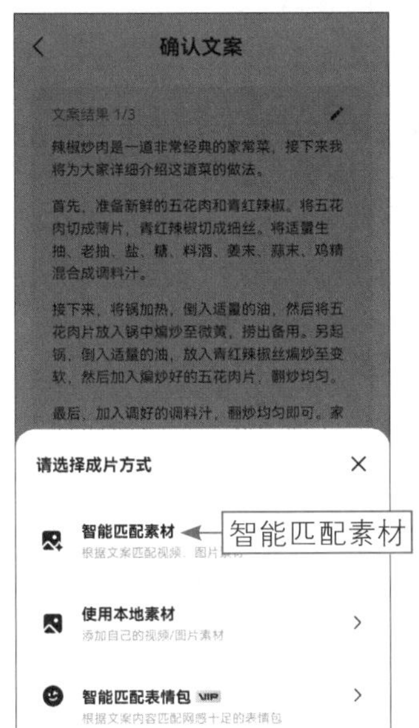

图 3-12　选择“智能匹配素材”选项

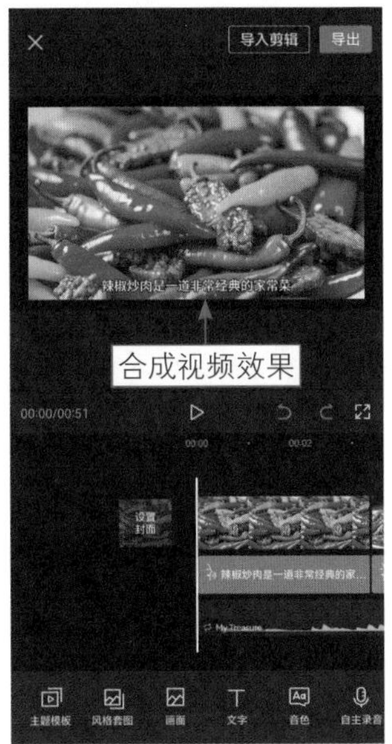

图 3-13　自动合成视频效果

023 剪同款

扫码看视频

剪映的“剪同款”功能非常实用，它允许用户快速复制或模仿他人视频中的编辑样式和效果，特别适合那些希望在自己的视频中应用流行或专业编辑技巧的用户。

通过剪映的“剪同款”功能，用户可以选择一个自己喜欢的模板或样例视频，剪映会自动提供相应的编辑参数和效果，用户只需将自己的素材填充进去，即可创作出具有相似风格和效果的视频，效果如图3-14所示。

图 3-14 效果展示

下面介绍使用“剪同款”功能的操作方法。

步骤 01 在剪映主界面底部，点击“剪同款”按钮进入相应的界面，如图3-15所示。

步骤 02 在搜索栏中输入“一键AI智能扩图”，在搜索结果中选择相应的剪同款模板，如图3-16所示。

步骤 03 执行操作后，预览模板效果，点击“剪同款”按钮，如图3-17所示。

步骤 04 进入手机相册，选择相应的参考图，点击“下一步”按钮，如图3-18所示。

步骤 05 执行操作后，即可自动套用同款模板，并合成视频，效果如图3-19所示。

图 3-15　点击“剪同款”按钮

图 3-16　选择相应的剪同款模板

图 3-17　点击“剪同款”按钮

图 3-18　点击“下一步”按钮

图 3-19　合成视频效果

024　营销成片

扫码看视频

剪映的“营销成片”功能是专为商业营销和广告宣传设计的，它利用AI技术帮助用户快速制作出具有吸引力的视频广告或营销内容，特别适合需要在社交媒体、电子商务平台或其他数字营销渠道推广产品和品牌的商家和营销人员。“营销成片”功能通过简化视频制作流程，让用户能够轻松创作出高质量的广告视频，效果如图3-20所示。

图 3-20　效果展示

下面介绍使用“营销成片”功能的操作方法。

步骤 01 在“剪辑”界面的功能区中，点击“营销成片”按钮，如图3-21所示。

步骤 02 执行操作后，进入“营销推广视频”界面，点击“添加素材”选项区中的+按钮，如图3-22所示。

步骤 03 进入手机相册，选择多个视频素材，点击“下一步”按钮，如图3-23所示。

步骤 04 执行操作后，即可添加视频素材，在“AI写文案”选项卡中输入相应的视频文案，包括产品名称和产品卖点，如图3-24所示。

步骤 05 点击“展开更多”按钮，显示其他设置，在“视频设置”选项区中，选择合适的时长参数，如图3-25所示。

步骤 06 点击“生成视频”按钮，即可生成5个营销视频，在下方选择合适的视频效果即可，如图3-26所示。

图 3-21　点击“营销成片”按钮

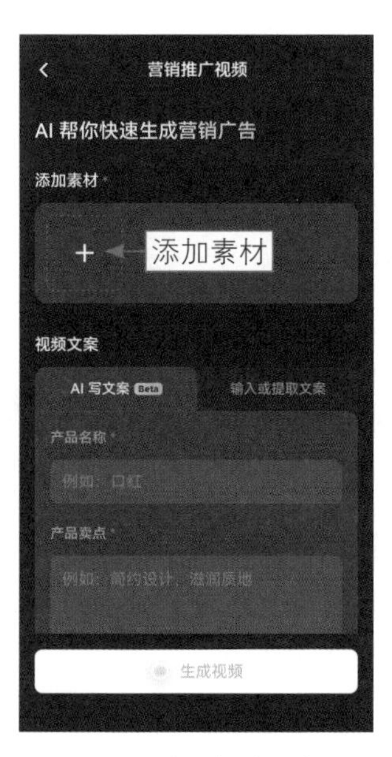

图 3-22　点击相应的按钮

图 3-23　点击“下一步”按钮

图 3-24　输入视频文案

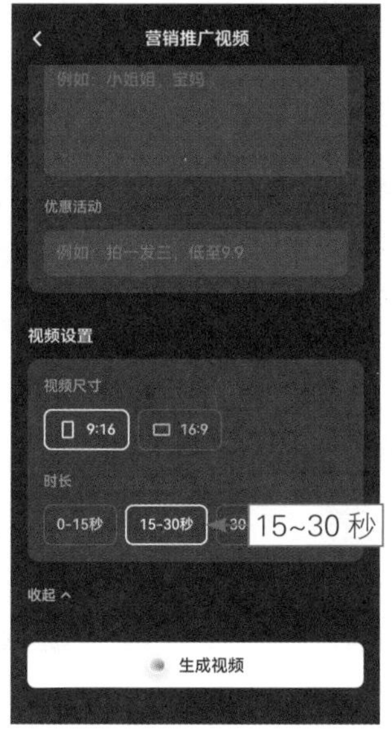

图 3-25　选择时长参数

图 3-26　选择合适的视频效果

025　超清画质

扫码看视频

剪映推出的“超清画质”功能，可以满足用户对高清视觉体验的追求，用户可以轻松地提高自己作品的清晰度和细节表现，让每一帧画面都更加细腻和生动，效果如图3-27所示。

图 3-27　效果展示

下面介绍使用“超清画质”功能的操作方法。

步骤 01 在“剪辑”界面的功能区中，点击“超清画质”按钮，如图3-28所示。

步骤 02 执行操作后，进入手机相册，选择相应的视频素材，如图3-29所示。

图 3-28　点击“超清画质”按钮

图 3-29　选择相应的视频素材

★ 专家提醒 ★

剪映 App 除了提供“超清画质”功能，还具备“去闪烁”等高级视频处理功能，这些功能对提升视频的专业品质至关重要。“去闪烁”功能专门用于解决视频拍摄中常见的闪烁问题，这种问题通常是由于光源不稳定或快门速度不匹配导致的。剪映通过智能算法分析视频帧，识别并减少闪烁效果，从而为观者提供更平滑和更舒适的观看体验。

步骤03 执行操作后，进入“画质提升”界面，默认选择的是“超清画质”选项，如图3-30所示，并自动开始进行云端处理。

步骤04 点击任务进程提示信息，即可查看任务处理进度，当进度达到100%时，表示超清画质任务处理完成，如图3-31所示。

图 3-30　默认选择“超清画质”选项

图 3-31　超清画质任务处理完成

3.2　使用剪映电脑版生成 AI 视频

剪映是一款流行的视频编辑软件，它提供了丰富的视频编辑功能，用户不仅可以在剪映手机版中一键生成AI视频，还可以在剪映电脑版中一键生成AI视频，大大提高了制作视频的效率。本节主要介绍使用剪映电脑版生成AI视频的操作方法。

026　使用模板生成视频

扫码看视频

在使用模板功能一键生成视频时，需要注意素材的类型（是视频还是图片），以及素材的个数。需要注意的是，“模板”选项卡中的视频模板会经常变动，大家选择心仪的模板即可。使用模板生成AI视频的效果如图3-32所示。

图 3-32 效果欣赏

下面介绍使用模板生成AI视频的操作方法。

步骤 01 进入剪映电脑版首页，切换至“模板”选项卡，如图3-33所示。

步骤 02 在搜索栏中输入并搜索“横屏立体相册古色古香”，在搜索结果中找到心仪的模板，将鼠标指针移至相应模板的上方，单击“使用模板”按钮，如图3-34所示。

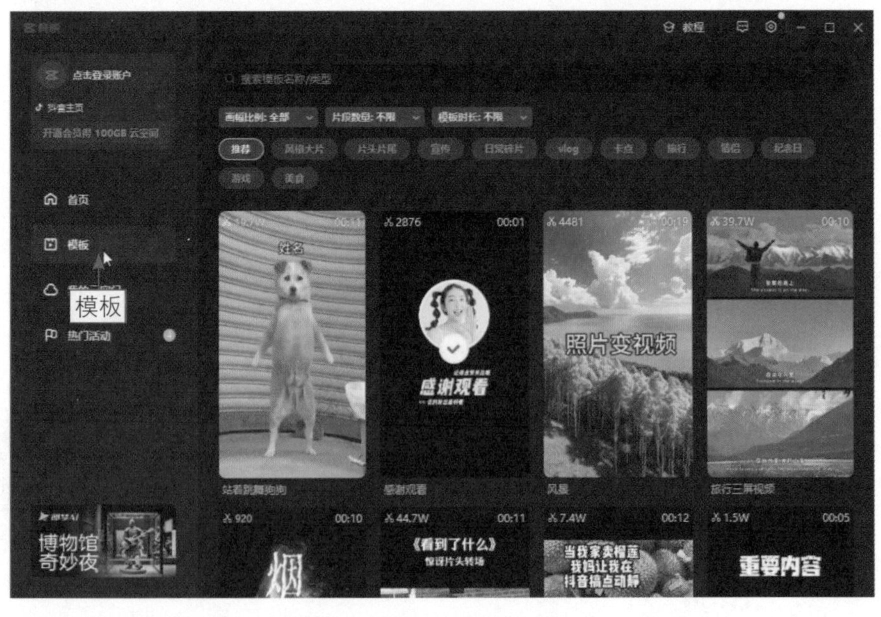

图 3-33 切换至“模板”选项卡

图 3-34　单击“使用模板”按钮

步骤03 进入编辑界面，单击第1段素材上方的“替换”按钮，如图3-35所示。

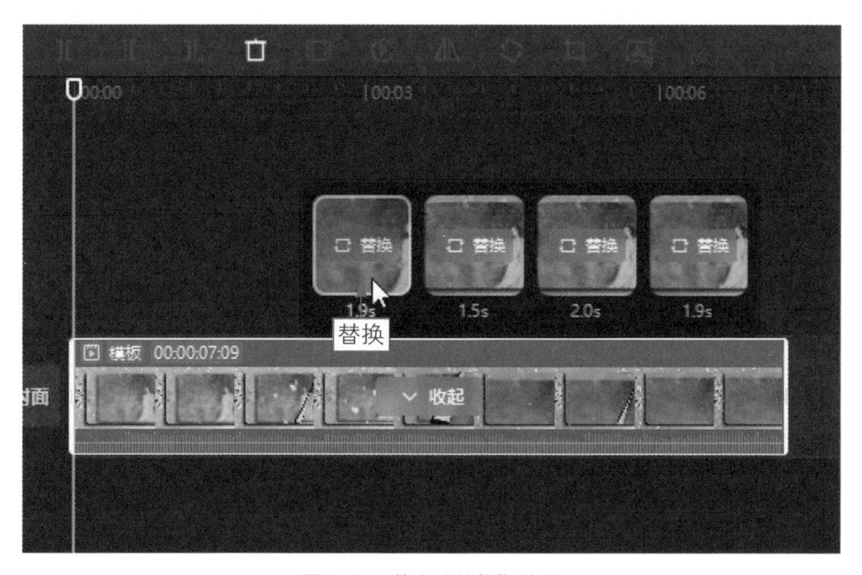

图 3-35　单击“替换”按钮

步骤04 弹出“请选择媒体资源”对话框，在其中选择一张人像照片，如图3-36所示，单击“打开”按钮，即可替换素材。

步骤05 在“播放器”面板中，调整素材的大小和位置，如图3-37所示。

图 3-36　选择一张人像照片

步骤 06 按同样的方法再依次替换后面的3段素材，并在“播放器”面板中调整3段素材的画面位置，如图3-38所示。

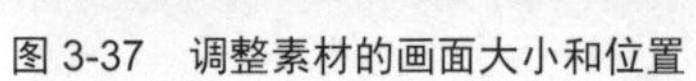
图 3-37　调整素材的画面大小和位置

图 3-38　调整素材的画面位置

步骤 07 单击右上角的“导出”按钮，如图3-39所示，导出视频。

图 3-39　单击“导出”按钮

027　使用“图文成片”功能生成视频

扫码看视频

在剪映电脑版中，对于使用“图文成片”功能生成的文案，只可以进行复制，并不能进行更改。所以，如果用户对生成的文案不满意，可以重新生成，直到生成满意的文案为止。在剪映电脑版中，使用“图文成片”功能生成的AI视频效果如图3-40所示。

图 3-40　效果欣赏

下面介绍使用“图文成片”功能生成AI视频的操作方法。

步骤 01 进入剪映电脑版首页，单击“图文成片”按钮，如图3-41所示。

步骤 02 弹出“图文成片”对话框，单击“自由编辑文案”按钮，如图3-42所示。

图 3-41　单击“图文成片”按钮

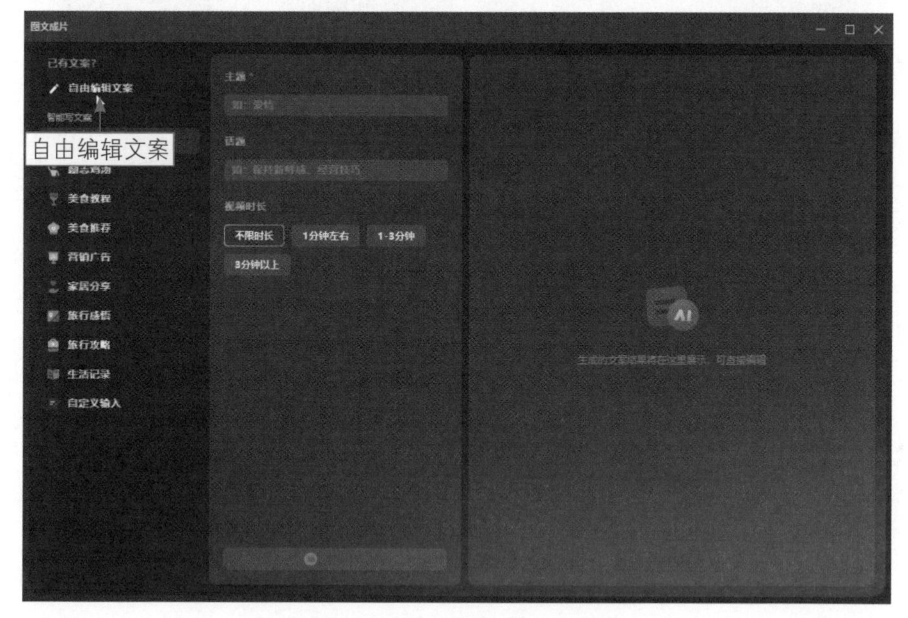

图 3-42　单击“自由编辑文案”按钮

步骤 03 为了输入提示词生成文案，单击“智能写文案”按钮，如图3-43所示。

图 3-43　单击“智能写文案”按钮

步骤 04 默认选中“自定义输入”单选按钮，输入“写一篇介绍长沙景点的文案，50字”，如图3-44所示，单击 ➔ 按钮。

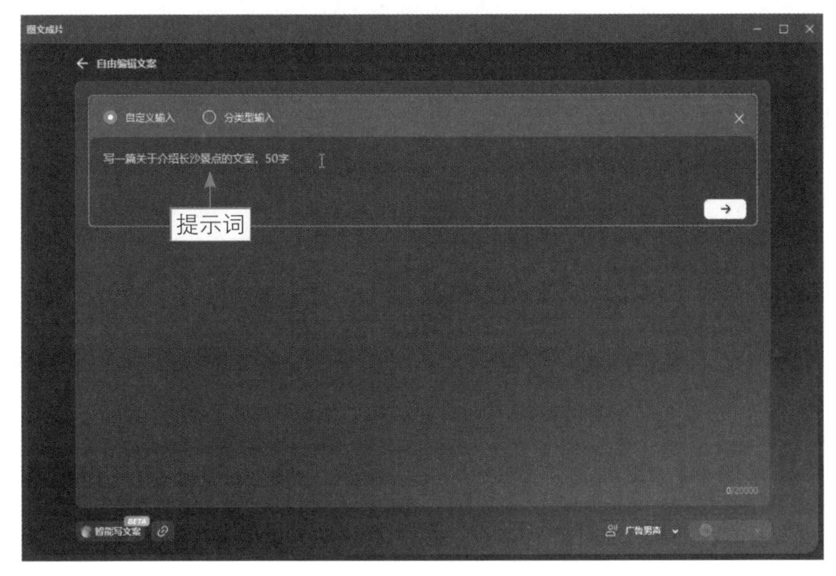

图 3-44　输入相应的提示词

步骤 05 稍等片刻，生成文案，结果如图3-45所示。

步骤 06 单击“确认”按钮，单击展开按钮，在弹出的列表中选择“温柔淑女”选项，如图3-46所示，更改朗读人声。

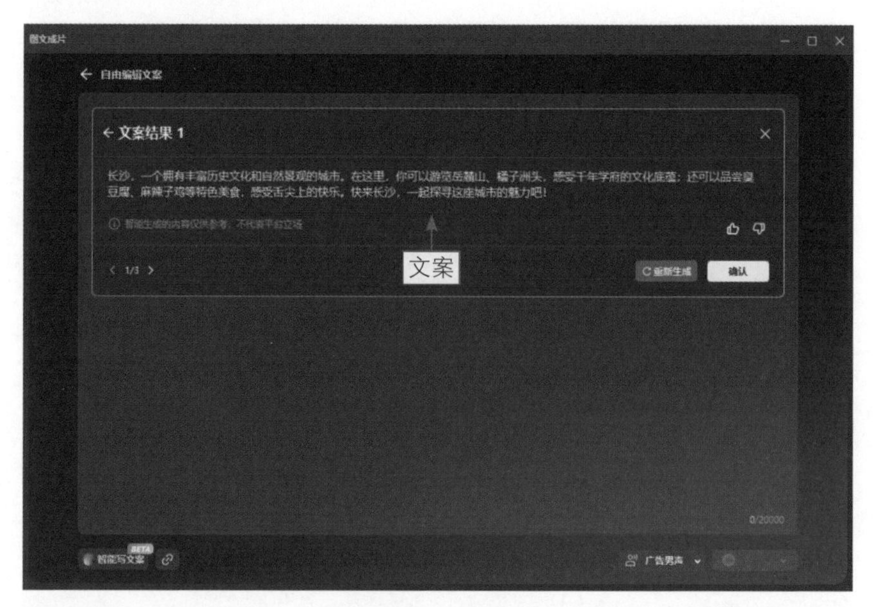

图 3-45　生成文案

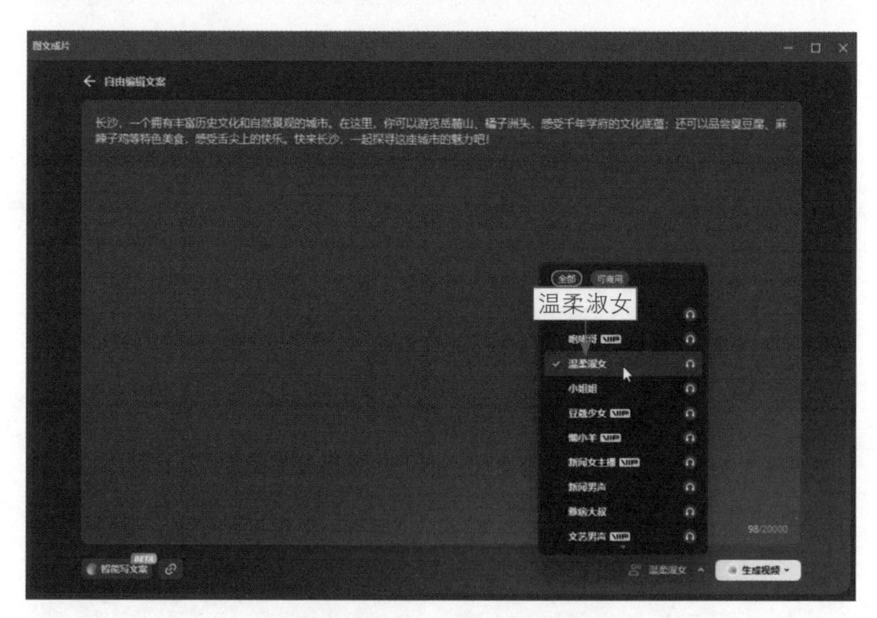

图 3-46　选择“温柔淑女”选项

步骤 07 单击“生成视频”按钮，在弹出的列表中选择“智能匹配素材”选项，如图3-47所示。

步骤 08 执行操作后，弹出生成视频进度提示，如图3-48所示。

步骤 09 稍等片刻，即可生成视频，效果如图3-49所示。

图 3-47　选择“智能匹配素材”选项

图 3-48　弹出生成视频进度提示

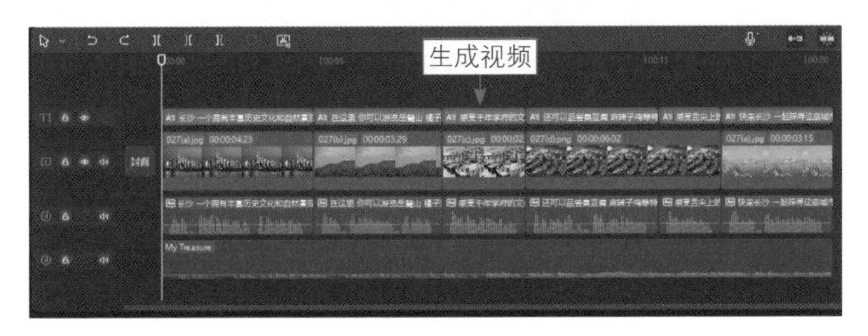

图 3-49　生成视频

第 4 章　通过文字生成绘画作品

本章主要介绍如何使用即梦 AI 将抽象的文字描述转化为具体的艺术图像。通过精心挑选的提示词和细致的参数调整，用户可以引导 AI 理解自己的创意意图，并生成符合自己愿景的绘画作品。通过 AI 的辅助，即使是没有深厚绘画功底的用户，也能实现心中所想，创造出令人惊叹的图像艺术作品。

4.1 通过文本描述进行 AI 绘画

即梦AI强大的图像生成能力让许多人对这个领域充满无限遐想，特别是它的文生图功能，只需要通过简单的文本描述即可生成精美、生动的图像，这为大家的创作提供了极大的便利。在即梦AI中，以文生图技术是指根据给定的文本描述生成相应的图像，这种技术通常涉及自然语言处理和计算机视觉的结合，它能够将文本信息转换为视觉内容。本节主要介绍在即梦AI中以文生图进行AI绘画的相关操作方法。

028 通过自定义提示词进行AI绘画

扫码看视频

在即梦AI的“AI作图”选项区中，用户可以通过“图片生成”功能，输入自定义的提示词，让AI生成符合自己需求的图像，效果如图4-1所示。

图 4-1 效果欣赏

下面介绍通过自定义提示词进行AI绘画的操作方法。

步骤 01 打开浏览器，输入即梦AI的官方网址，打开官方网站，在“AI作图”选项区中单击“图片生成”按钮，如图4-2所示，使用“图片生成”功能进行AI作图。

步骤 02 进入“图片生成”页面，在页面左上方的输入框中，输入AI绘画的提示词，单击“立即生成”按钮，如图4-3所示。

图 4-2　单击“图片生成”按钮

图 4-3　单击“立即生成”按钮

★ 专家提醒 ★

提示词也称为关键词、提示词、输入词、关键字、指令、代码等，网上大部分用户也将其称为“咒语”。在即梦 AI 中输入的提示词，中文或者英文都可以，出图效果都不错，图像质量也较高。

步骤 03 执行操作后，即可生成4幅相应的AI图片，显示在右侧窗格中，如图4-4所示。

图 4-4　生成 4 幅相应的 AI 图片

★ 专家提醒 ★

值得注意的是，即使使用完全相同的提示词、模型和生成参数，AI 每次生成的图像效果仍会有所差异，这种差异性赋予了艺术创作无尽的潜力和新鲜感。这种差异性源于 AI 模型的随机性，即使在相同的条件下，AI 也会以不同的方式解释和执行指令，从而产生独特的图像。

步骤 04 单击相应的AI图片，即可放大预览图片效果，如图4-5所示。

图 4-5　放大预览图片效果

029 调整AI绘画的精细度

扫码看视频

即梦AI中的精细度是指AI生成图像的细节水平，它通常通过设置具体的数值（取值范围为1～50）来控制，精细度的调整会影响图像的质量和生成时间，用户在使用时需要根据自己的具体需求和耐心程度来权衡精细度的设置。如果用户需要快速生成图像，可以选择较低的精细度；如果用户追求高质量的图像输出，可以选择较高的精细度，效果如图4-6所示。

图4-6 效果欣赏

★ 专家提醒 ★

在“图片生成”功能中，精细度是一个关键的生成参数，它直接影响到最终图像的清晰度和细节丰富度。通过提高精细度数值，AI可以生成细节更丰富、更清晰的图像，从而提供更逼真的视觉效果，但这种高质量的生成过程需要更多的计算资源和时间。

下面介绍调整AI绘画精细度的操作方法。

步骤 01 在“AI作图”选项区中单击“图片生成”按钮，进入“图片生成”页面，在页面左上方的输入框中，输入AI绘画提示词，如图4-7所示。

步骤 02 单击“模型”右侧的下三角按钮▾，展开“模型”选项区，拖曳“精细度”下方的滑块，设置“精细度”参数为50，如图4-8所示。默认情况下，“精细度”参数为25，更高的精细度数值能使生成的AI图片具有更多的细节和更逼真的效果，同时也会增加AI处理图像所需的时间。

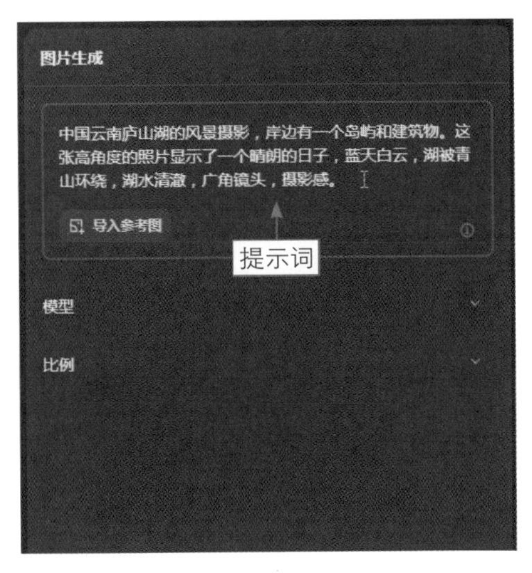

图4-7　输入AI绘画的提示词

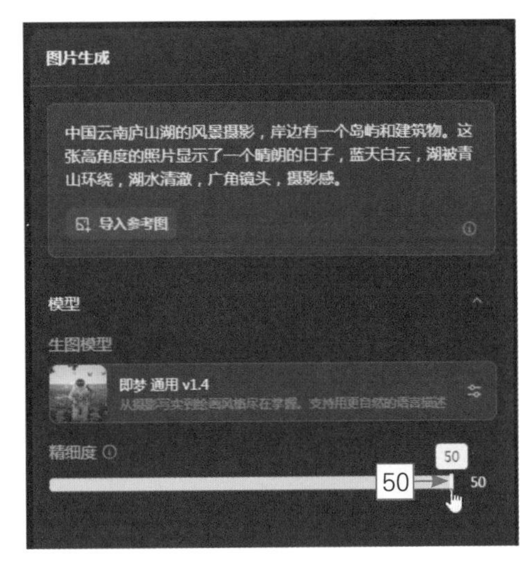

图4-8　设置"精细度"参数为50

步骤 03 单击"立即生成"按钮，即可生成4幅相应的AI图片，显示在右侧窗格中，如图4-9所示。从生成的AI图片可以看出图像的质量较高，画面清晰有质感，单击相应的AI图片，即可放大预览图片效果。

图4-9　生成4幅相应的AI图片

030　调整AI图片的生成比例

扫码看视频

生图比例是指用户在生成AI图片时可以选择的图像宽高比，这个功能允许用户根据特定的展示平台、设计需求或个人偏好来定制图像的尺寸和形状。

即梦AI向用户提供了一些常见的图像比例参数，具体包括16：9、3：2、4：3、1：1、3：4、2：3、9：16等常见比例，相关介绍如下。

❶ 16：9：这是一种广泛应用于现代电视和显示器的宽屏比例，适合生成电影或视频等。

❷ 3：2：这是一种经典的比例，适合生成杂志插图、书籍封面或社交媒体图像。

❸ 4：3：这是一种传统的电视和计算机显示器比例，适合生成标准视频内容或网页图像。

❹ 1：1：正方形比例，适合生成社交媒体头像、图标或正方形广告图像。

❺ 3：4：这种比例较为少见，但可以用于生成强调垂直方向的图像，如手机壁纸或社交媒体故事。

❻ 2：3：与3：2相反，这种比例强调垂直方向，适合生成竖幅广告或手机短视频素材。

❼ 9：16：这是一种较新的竖屏比例，常用于移动设备和社交媒体平台，适合生成手机壁纸或抖音等短视频平台的图片内容。

即梦AI通过提供这些预设比例，使得用户可以根据自己的具体需求选择合适的图像比例。无论是为了适应特定的显示设备、满足特定的视觉风格，还是为了优化在特定社交平台上的展示效果，用户都可以轻松选择最合适的比例参数。图4-10所示为将AI图片设置为16：9宽屏的展示效果，这种宽高比的图像作为视频封面非常合适。

图4-10 效果欣赏

下面介绍调整AI图片生成比例的操作方法。

步骤 01 在“AI作图”选项区中单击“图片生成”按钮，进入“图片生成”页面，在页面左上方的输入框中，输入AI绘画提示词，展开“比例”选项区，选择16∶9选项，如图4-11所示，这是一种流行的图像和视频宽高比，广泛应用于多种视觉媒体和显示技术中。

步骤 02 单击“立即生成”按钮，即可生成4幅16∶9尺寸的AI图片，显示在右侧窗格中，如图4-12所示，这种图像尺寸提供了较宽的视角。

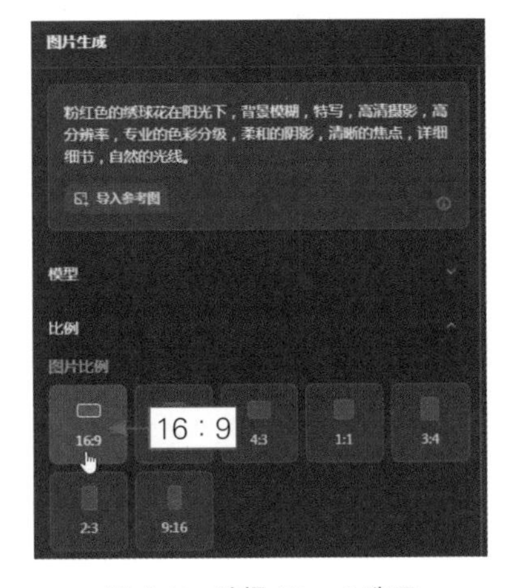

图 4-11　选择 16 ∶ 9 选项

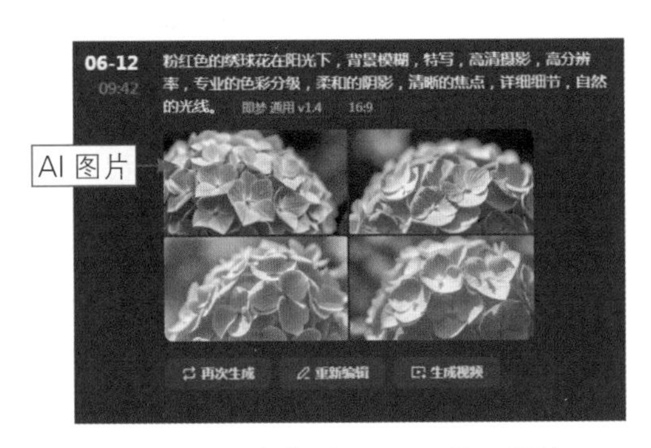

图 4-12　生成 4 幅 16 ∶ 9 的 AI 图片

031　通过再次生成获取新图片

扫码看视频

在即梦AI平台中，如果用户对初次生成的结果不满意，可以单击“再次生成”按钮来获取新的AI作品，“再次生成”按钮提供了一种快速迭代的方法，帮助用户在短时间内尝试多种可能性，效果如图4-13所示。

图 4-13　效果欣赏

下面介绍通过再次生成获取新图片的操作方法。

步骤 01 在上一例的基础上，单击相应AI图片下方的“再次生成”按钮，如图4-14所示，该操作将基于用户先前提供的输入（如文本描述、上传的图片、选择的风格等），重新生成新的AI图片。

步骤 02 执行操作后，即可重新生成4幅16：9尺寸的AI图片，如图4-15所示，用户可以通过重新生成，逐步得到想要的效果。

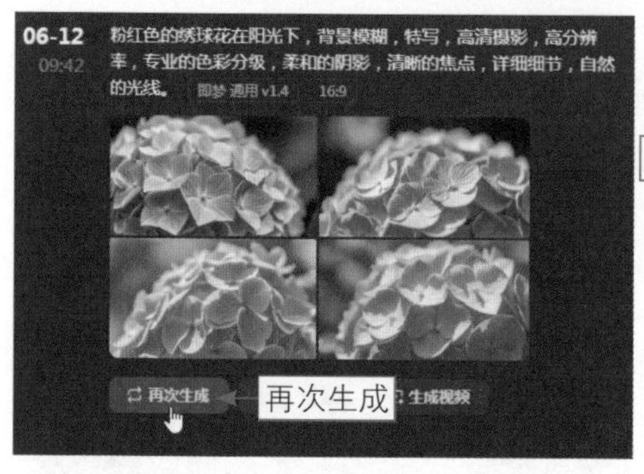

图 4-14　单击“再次生成”按钮

图 4-15　重新生成 4 幅 AI 图片

★ 专家提醒 ★

每次单击“再次生成”按钮，AI 都会根据用户输入的提示词和设定的生成参数，采用其算法和数据库中的资源，生成一组全新的图像。这个过程可以重复进行，直到用户获得自己所期望的图像效果为止。

用户可以尝试不同的提示词组合，或者调整生成参数，以观察这些变化如何影响最终的图像效果。这种交互式的创作过程，不仅增加了艺术创作的趣味性，还有助于用户更深入地了解 AI 绘画工具的工作原理和潜力。

在即梦 AI 平台中，相比于从头开始输入所有参数，“再次生成”可以快速让 AI 根据用户的上一次输入进行创作。用户可以使用“再次生成”按钮来测试不同的模型、风格或参数设置，而不需要离开当前的生成流程。

032　获取高分辨率的超清图

扫码看视频

在即梦AI平台中，单击“超清图”按钮可以将生成的AI图片提升至更高的分辨率，以增强图像的细节和清晰度，使画面更加锐利，效果如图4-16所示。

图 4-16　效果欣赏

下面介绍获取高分辨率超清图的操作方法。

步骤 01 进入“图片生成”页面，输入AI绘画提示词，设置“比例”为16：9，单击“立即生成”按钮，即可生成4幅AI图片，如图4-17所示。

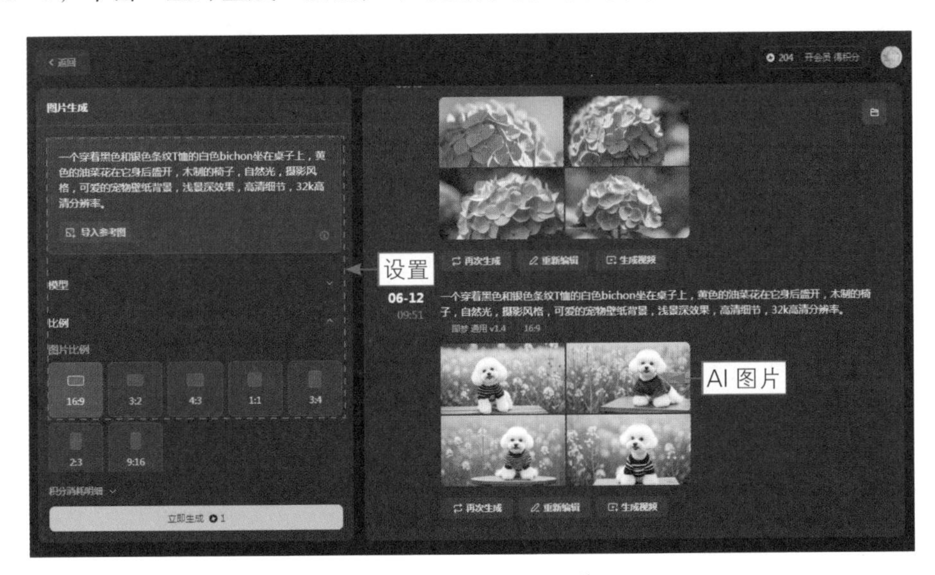

图 4-17　生成 4 幅 AI 图片

★ 专家提醒 ★

HD 通常指的是 High Definition，即高清晰度。这个术语用来描述图像的分辨率，它比标准清晰度（SD，Standard Definition）的分辨率要高，高清晰度图像提供了更多的细节和更清晰的视觉效果。

具体来说，HD 通常指的是以下两种分辨率。

❶ 720p：水平分辨率为1280像素，垂直分辨率为720像素，p代表逐行扫描（progressive scan）。

❷ 1080p：水平分辨率为1920像素，垂直分辨率为1080像素，也是逐行扫描。

这些分辨率标准通常用于电视、电影、视频游戏和计算机显示器等，以为人们提供更高质量的视觉体验。随着技术的发展，现在还有更高的分辨率标准，如超高清（Ultra High Definition，UHD），包括4K、8K等，它们提供了比HD更高的图像清晰度和细节。

步骤 02 为了生成超清晰的AI图片，此时在第2幅AI图片上单击“超清图”按钮 HD，如图4-18所示，该功能使用AI算法分析图片并提高其分辨率，同时尽量减少失真和噪点，提高图像的质量。

步骤 03 执行操作后，即可生成一张超清晰的AI图片，图片左上角显示了“超清图”字样，如图4-19所示。

图4-18 单击“超清图”按钮

图4-19 生成一张超清晰的AI图片

4.2 应用即梦AI生图模型

即梦AI目前配备了6种不同的图像生成模型，这些模型可分为两大类：4个通用模型和两个个性化模型。这些模型各具特色，能够满足不同用户的需求和创作风格。本节将深入介绍即梦AI的3个通用模型，探索它们的独特之处，以及如何有效地利用它们来实现创意构想。

033 应用v1.1模型生成绘画作品

扫码看视频

即梦AI的通用v1.1模型是其自主研发的一个基础图像生成模型，它为用户进入AI绘画世界提供了一个起点。这个模型虽然功能基础，但已经足够强大，能够满足大多数标准图像生成的需求，效果如图4-20所示。

图 4-20　效果欣赏

★ 专家提醒 ★

即梦通用 v1.1 是一种基于深度学习技术的模型，其最基本的形式是实现文本到图像的转换。当输入一个文本提示词时，该模型能够生成与文本内容相匹配的图像作为输出。

下面介绍应用v1.1模型生成绘画作品的操作方法。

步骤 01 进入“图片生成”页面，输入相应的提示词，用于指导AI生成特定的图像，如图4-21所示。

步骤 02 单击“模型”右侧的下三角按钮，展开“模型”选项区，单击下方的默认模型名称，在弹出的“生图模型”列表中选择“即梦 通用v1.1”模型，如图4-22所示。

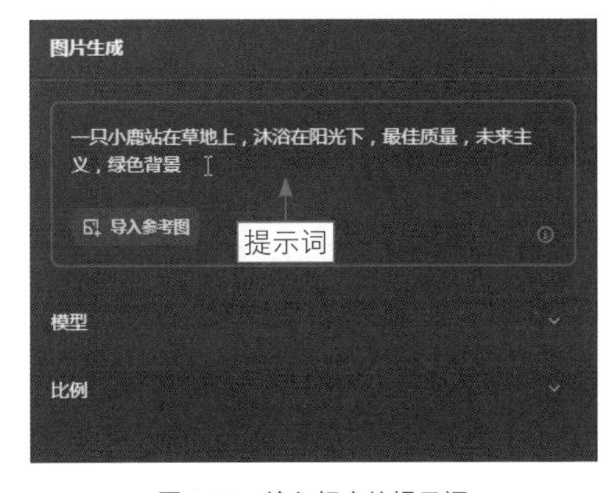

图 4-21　输入相应的提示词

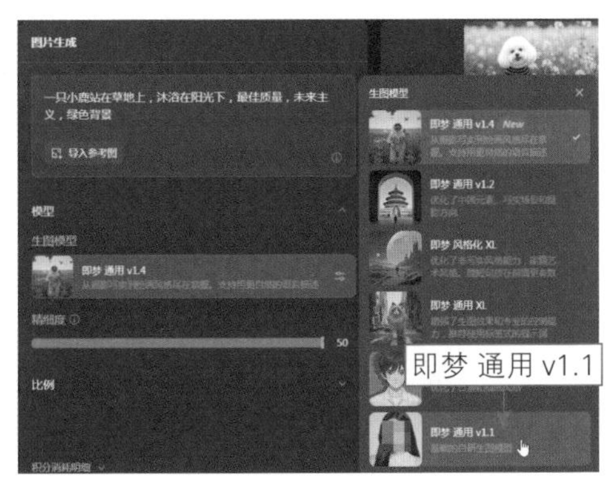

图 4-22　选择“即梦通用 v1.1”模型

★ 专家提醒 ★

模型在AI绘画中起着至关重要的作用，结合模型的绘画能力，可以生成各种各样的图像。AI生成的图像质量好不好，归根结底就是看选择的模型好不好，因此要选择合适的模型去绘图。即使是完全相同的提示词，模型不一样，生成的图像风格差异也会很大。

步骤 03 执行操作后，即可将“生图模型”设置为“即梦 通用v1.1”，如图4-23所示。

步骤 04 展开“比例”选项区，选择3∶4选项，将图像调整为竖图形式，如图4-24所示。

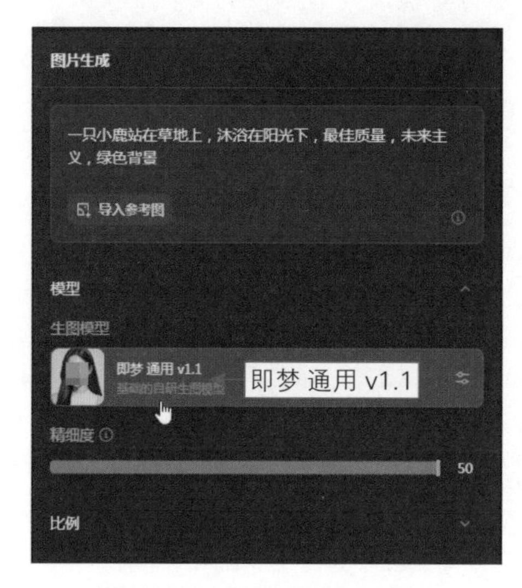

图4-23 设置“生图模型”选项

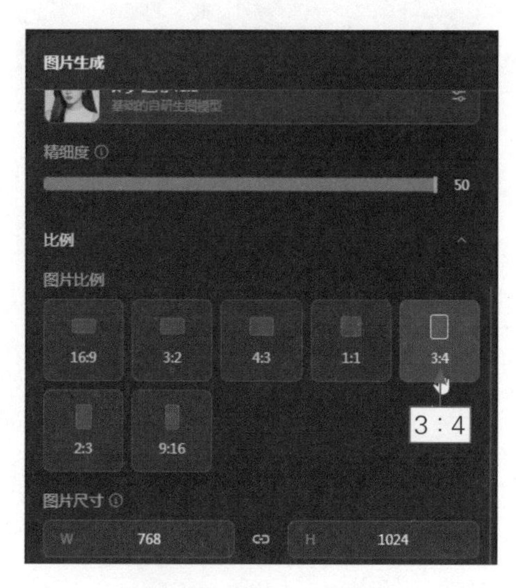

图4-24 选择3∶4选项

步骤 05 单击“立即生成”按钮，即可生成相应的图像，效果如图4-25所示。

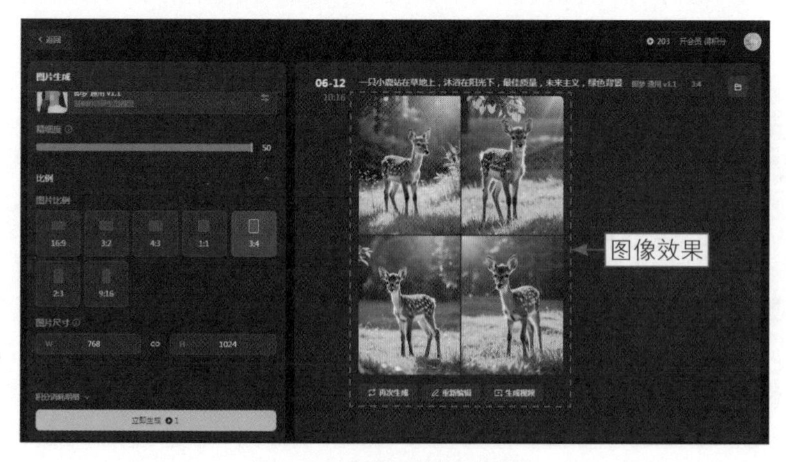

图4-25 生成相应的图像效果

034　应用v1.2模型生成绘画作品

扫码看视频

即梦通用v1.2模型进行了有针对性的优化，特别是增强了对中国元素的表现力，提升了写实场景的渲染质量，并在摄影风格方面进行了显著改进，效果如图4-26所示。

图4-26　效果欣赏

★ 专家提醒 ★

即梦通用v1.2模型通过精细调整算法，显著提高了对中国传统美学元素的捕捉和再现能力，使得生成的图像能够更加精准地反映出中国风的艺术韵味。此外，即梦通用v1.2模型在写实场景的生成上也有了质的飞跃。无论是细腻的纹理表现还是光影效果的处理，这一模型都能够生成接近真实摄影作品的图像，为用户提供了更为逼真的视觉体验。

下面介绍应用v1.2模型生成绘画作品的操作方法。

步骤01 进入“图片生成”页面，输入相应的提示词，用于指导AI生成特定的图像，如图4-27所示。

步骤02 展开“模型”选项区，设置“生图模型”为“即梦 通用v1.2”，如图4-28所示。

步骤03 展开“比例”选项区，选择16：9选项，将图像调整为横图形式，如图4-29所示。

步骤04 单击“立即生成”按钮，即可生成相应的图像，效果如图4-30所示。

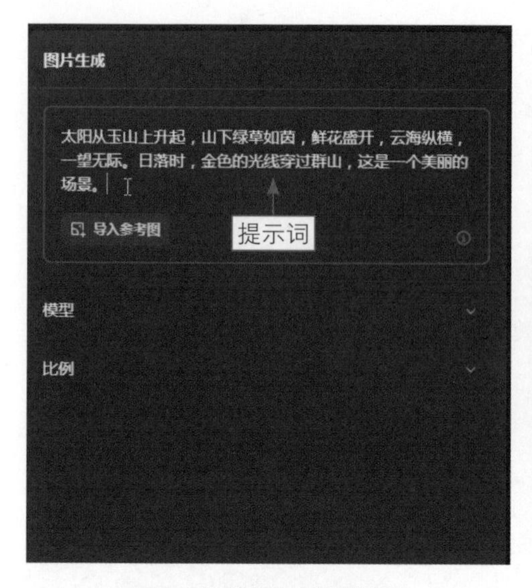

图 4-27 输入相应的提示词

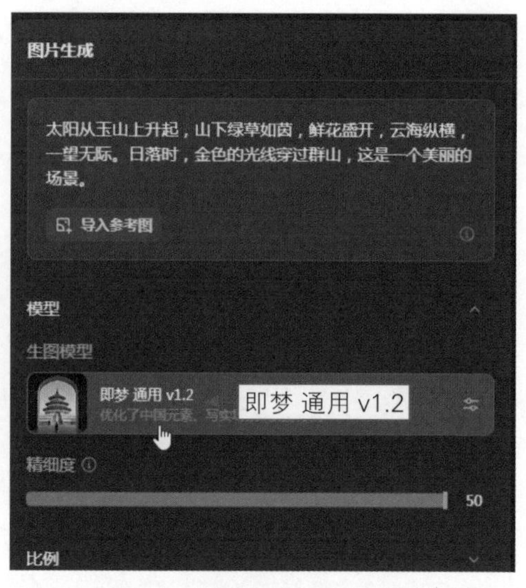

图 4-28 设置“生图模型”选项

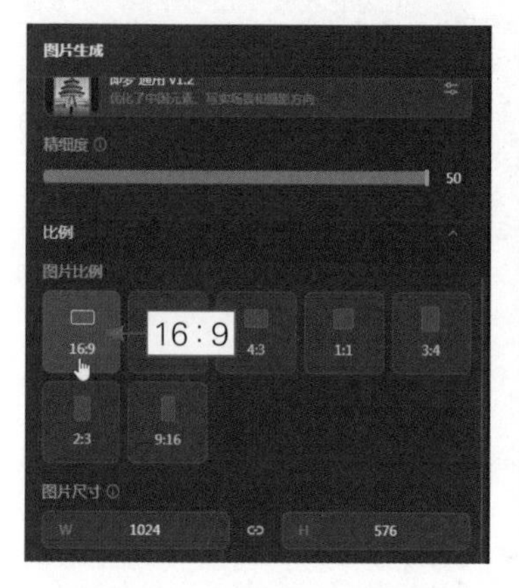

图 4-29 选择 16 ： 9 选项

图 4-30 生成相应的图像效果

035 应用v1.4模型生成绘画作品

扫码看视频

即梦AI最新推出的通用v1.4模型以其卓越的生成效果赢得了用户的广泛赞誉，该模型在处理各种图像类型时的表现都非常出色，无论是精致的摄影作品还是风格多样的插画，它都能够精准捕捉并生成高质量的图像，效果如图4-31所示。

图 4-31　效果欣赏

下面介绍应用v1.4模型生成绘画作品的操作方法。

步骤 01 进入“图片生成”页面，输入相应的提示词，用于指导AI生成特定的图像，如图4-32所示。

步骤 02 展开“模型”选项区，设置“生图模型”为“即梦 通用v1.4”，如图4-33所示。

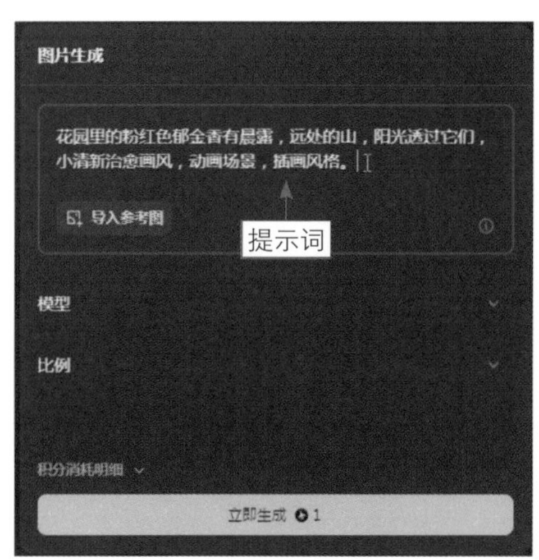

图 4-32　输入相应的提示词

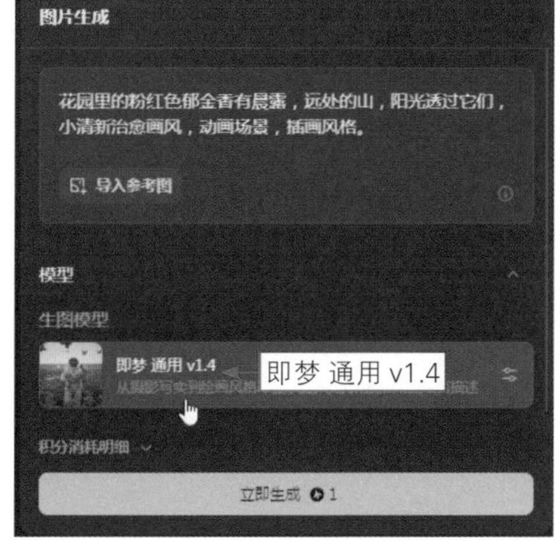

图 4-33　设置“生图模型”选项

步骤 03 展开“比例”选项区，选择16：9选项，将图像调整为横图形式，如图4-34所示。

步骤 04 单击“立即生成”按钮，即可生成相应的图像，效果如图4-35所示。

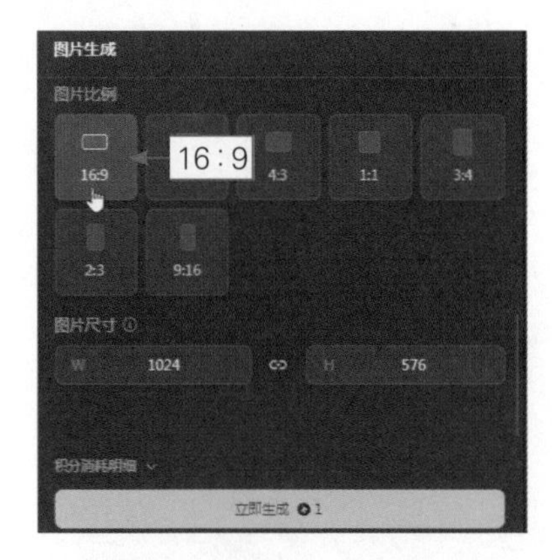

图 4-34 选择 16 ： 9 选项

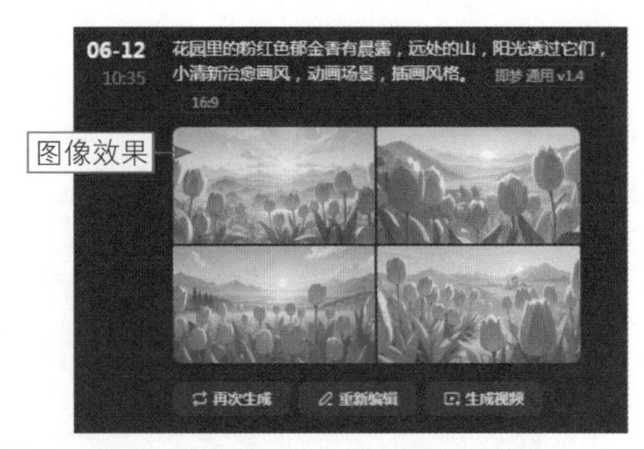

图 4-35 生成相应的图像效果

4.3 打造专业的 AI 图片效果

在即梦AI平台中生成AI图片时，用户可以添加相应的关键词来对图像的整体效果进行调整优化，以获得最佳的画面效果。本节主要介绍在即梦AI平台中使用相应的提示词和参数指令，打造专业的AI图片效果的方法。

036 对主体进行详细描述

扫码看视频

主体是构成图像的重要组成部分，是引导观众视线和表现画面主题的关键元素。主体可以是人物、风景、物体等任何具有视觉吸引力的事物，同时需要在构图中得到突出，与背景形成明显的对比，使其更加凸显。例如，下图中的画面主体是一只兔子，它可爱、安静或好奇的特性可以立即吸引观众的目光，效果如图4-36所示。

图 4-36 效果欣赏

下面介绍对主体进行详细描述的操作方法。

步骤 01 进入“图片生成”页面，输入相应的提示词，用于指导AI生成特定的图像，如图4-37所示。

步骤 02 单击“立即生成”按钮，即可生成相应的图像，画面主体为一只可爱的兔子，效果如图4-38所示。

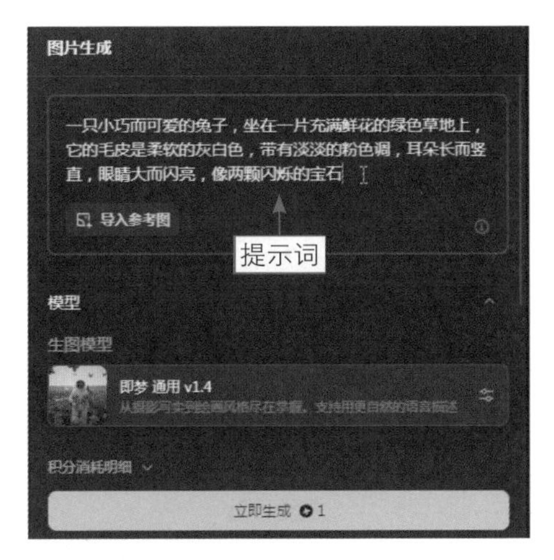

图 4-37　输入相应的提示词

图 4-38　生成相应的图像效果

037　呈现最佳的画面场景

扫码看视频

在AI绘画中，精心构建的提示词对生成高质量的图像来说至关重要。其中，画面场景是提示词的核心部分，它不仅包括环境总体氛围的描述，还涵盖了点缀元素和其他细节的描述。例如，下图中的画面场景为城市夜景，繁华的城市建筑灯火辉煌，高耸的摩天大楼与闪烁的霓虹灯交织成一幅充满活力的现代画卷，效果如图4-39所示。

图 4-39 效果欣赏

下面介绍呈现最佳画面场景的操作方法。

步骤 01 进入“图片生成”页面，输入相应的提示词，用于指导AI生成特定的图像，展开“比例”选项区，选择3：4选项，如图4-40所示。

步骤 02 单击“立即生成”按钮，AI即可生成既具有现实感又带有艺术加工的城市夜景图像，让观众仿佛置身于一个充满活力的夜晚都市场景之中，效果如图4-41所示。

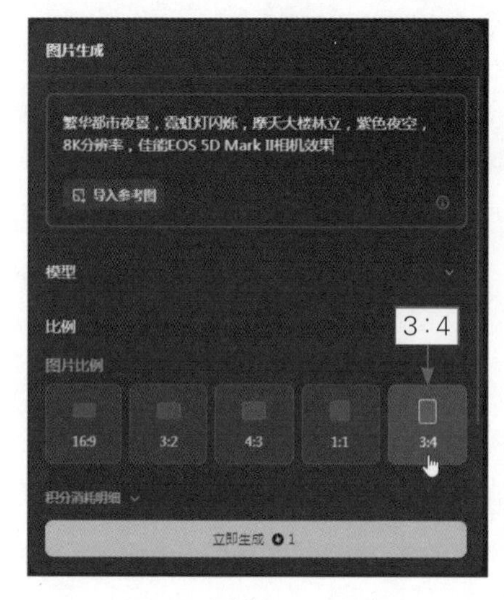

图 4-40 选择 3 ：4 选项

图 4-41 生成城市夜景图像效果

★ 专家提醒 ★

提示词是一种文本提示信息或指令，用于指导生成图像的方向和画面内容。提示词可以是关键词、短语或句子，用于描述所需的图像样式、主题、风格、颜色、纹理等。通过提供清晰的提示词，可以帮助 AI 生成更符合用户需求的图像效果。

在图像生成领域，提示词的应用尤为广泛，它是一种调节 AI 模型的方法。通过输入想要的内容和效果，AI 模型就能理解用户想表达的含义，并据此生成相应的图像。提示词为用户提供了一种简单而直观的方式来控制 AI 模型的行为，使得用户可以轻松地完成各种复杂的图像生成任务。

038　指定图片的艺术风格

扫码看视频

在即梦AI中生成图像时，使用某些提示词可以帮助用户指导AI生成具有特定艺术风格的图像，满足用户对图像艺术性的要求。例如，下图是一种工笔画风格的山水国画，其细腻的笔触和精致的细节体现了中国传统绘画的精髓，效果如图4-42所示。

图 4-42　效果欣赏

下面介绍指定图片艺术风格的操作方法。

步骤 01 进入“图片生成”页面，输入相应的提示词，明确指出“传统工笔画”和“国画”，这有助于AI识别并模仿相应的艺术风格，如图4-43所示。

步骤 02 在提示词下方设置“精细度”为40、“比例”为3：2，提升AI出图的细节精美度，并将画面调整为横图形式，如图4-44所示。

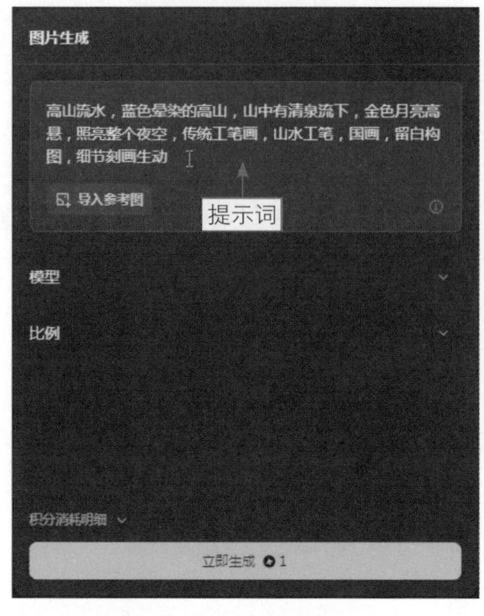

图 4-43　输入相应的提示词

图 4-44　设置相应的生成参数

步骤 03 单击“立即生成”按钮，AI即可生成相应艺术风格的图像，同时画面具有精细的线条、细腻的笔触和丰富的细节，效果如图4-45所示。

图 4-45　生成相应艺术风格的图像效果

★ 专家提醒 ★

用户可以在提示词中明确指出希望 AI 绘画作品所具有的艺术风格，如“印象派”“立体主义”“浮世绘”等。通过艺术风格提示词，AI 能够理解并模仿特定艺术流派或艺术家的绘画技巧和视觉特征。

039　提升图片的构图美感

扫码看视频

在AI绘画中，构图方式提示词是用来指导AI生成图像时遵循特定的视觉布局和结构的词汇或短语。构图是艺术作品中安排视觉元素的方式，它影响着作品的整体效果和观众的视觉体验，会影响作品的稳定性和动态感。

例如，对称构图是指主体对象被平分成两个或多个相等的部分，在画面中形成左右对称、上下对称或者对角线对称等不同的形式，从而产生一种平衡的画面效果，如图4-46所示。

图 4-46　效果欣赏

下面介绍提升图片构图美感的操作方法。

步骤 01 进入“图片生成”页面，输入相应的提示词，明确指出“对称构图”，这有助于AI识别并模仿相应的构图方式，如图4-47所示。

步骤 02 单击“比例”右侧的下三角按钮，展开“比例”选项区，选择3：2选项，如图4-48所示。

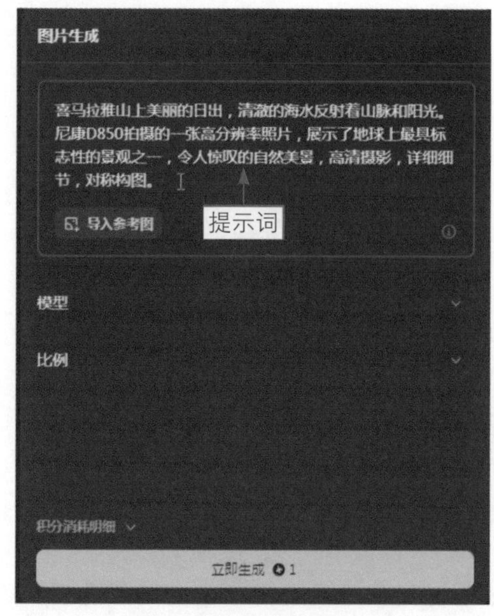

图 4-47 输入相应的提示词

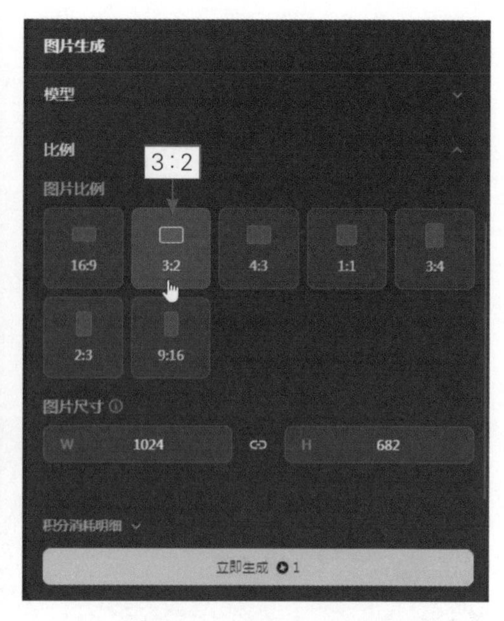

图 4-48 选择 3 ： 2 选项

★ 专家提醒 ★

构图方式提示词可以影响图像中的空间感，如“深远透视”或“平面构成”，可以创造出深度效果或强调二维平面效果。不同的构图方式能够传达不同的情感，如“紧凑构图”可能传达紧张感，而“开放构图”可能给人带来宁静和自由的感觉。另外，在需要讲述故事或传达特定信息的AI绘画作品中，构图提示词可以帮助用户构建图像的叙事结构。

步骤 03 单击“立即生成”按钮，AI即可生成相应构图方式的图像，画面以水面为对称轴，雪山的实体与倒影形成镜像对称，创造出一种平衡和谐的视觉效果，如图4-49所示。

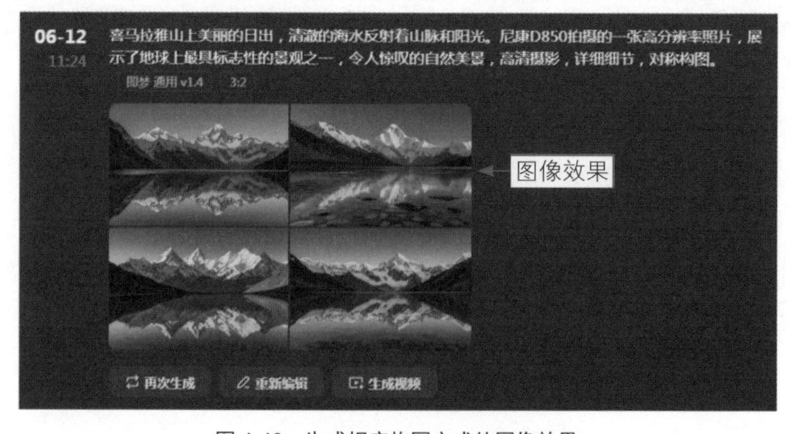

图 4-49 生成相应构图方式的图像效果

040　生成专业级画质效果

扫码看视频

品质参数提示词在AI绘画中的作用是帮助用户传达他们对最终图像质量的具体要求，确保AI生成的图像在视觉上满足高标准，技术上达到专业水平，并符合用户的特定需求。通过品质参数提示词，用户可以更精确地控制AI绘画的结果，实现个性化和高质量的艺术创作，效果如图4-50所示。下面介绍生成专业级画质效果的操作方法。

图4-50　效果欣赏

步骤01 进入“图片生成”页面，输入相应的提示词，用于指导AI生成特定的图像，并确保生成的图像具有极高的清晰度和分辨率，如图4-51所示。

步骤02 在提示词下方设置“精细度”为40、“比例”为3：4，提升AI出图的细节精美度，并将画面调整为竖图形式，如图4-52所示。

步骤03 单击“立即生成”按钮，AI即可生成具有强烈视觉吸引力的图像，能够立即抓住观众的注意力，效果如图4-53所示。

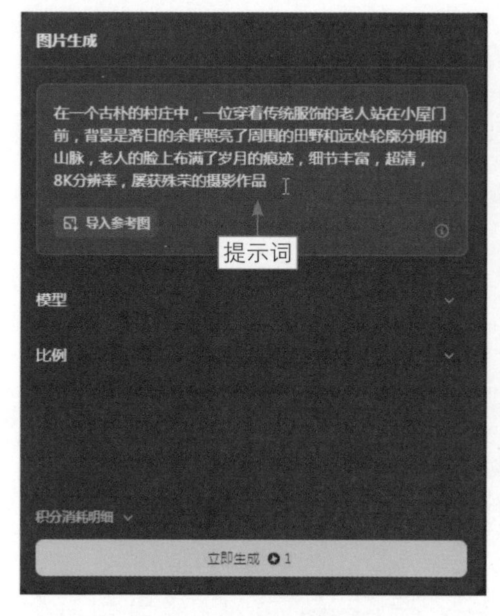

图 4-51 输入相应的提示词

图 4-52 设置相应的生成参数

图 4-53 生成相应的图像效果

第 5 章　上传图片生成绘画作品

即梦 AI 的图生图功能大幅强化了 AI 的图像生成控制能力和出图质量，用户可以利用 AI 发挥出更加个性化的创作风格，生成富有创意的数字艺术画作。本章将重点介绍即梦 AI 的以图生图 AI 绘画技巧，让人们在创造独特的艺术画作时获得更多的灵感。

5.1 通过参考图进行 AI 创作

在即梦AI平台中，以图生图技术允许用户上传一张参考图，然后AI会基于这张图片的内容和风格来生成新的图像，这种技术结合了图像识别和风格迁移算法，可以创造出与参考图在视觉风格上相似，但在内容上有所变化或创新的图像。本节主要介绍在即梦AI平台中通过参考图进行AI创作的操作方法。

041 通过主体对象进行AI创作

扫码看视频

利用即梦AI的“参考图”功能中，可以参考原图中的主体来生成AI图片。AI首先会识别参考图片中的主要对象或视觉焦点，包括人物、动物或物体等，然后分析参考图片的风格和视觉特征，在生成新图片时，AI会尝试保持参考图片中的主体内容不变，同时对背景或其他元素进行创意变化，原图与效果图对比如图5-1所示。

图 5-1 原图与效果图对比

下面介绍通过主体对象进行AI创作的操作方法。

步骤 01 进入“图片生成”页面，单击“导入参考图”按钮，如图5-2所示。

步骤 02 执行操作后，弹出“打开”对话框，选择需要上传的参考图，如

图5-3所示。

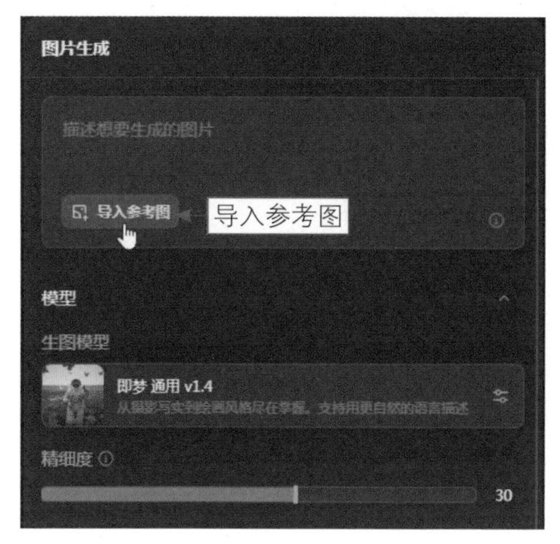

图 5-2　单击“导入参考图”按钮

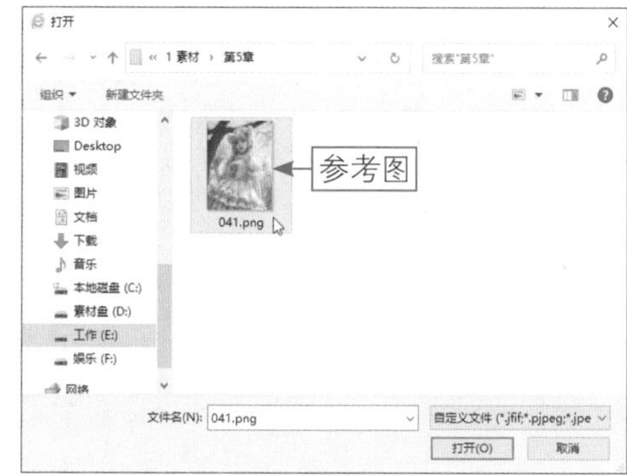

图 5-3　选择需要上传的参考图

步骤 03 单击“打开”按钮，弹出“参考图”对话框，如图5-4所示。

步骤 04 选中“主体”单选按钮，如图5-5所示，此时AI会自动识别参考图中的人物主体，并高亮显示人物主体。

图 5-4　弹出“参考图”对话框

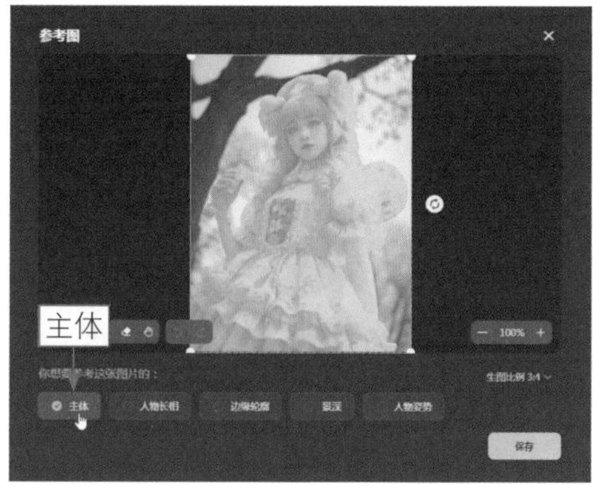

图 5-5　选中“主体”单选按钮

步骤 05 单击“保存”按钮，返回“图片生成”页面，输入框中显示了已上传的参考图，输入相应的内容描述，用于指导AI生成特定的图像，如图5-6所示。

步骤 06 单击“立即生成”按钮，即可生成4幅相应的AI图片，如图5-7所示。通过生成的图片可以看出，AI从参考图片中提取了人物主体，并应用到了新图片的生成中，创建出了在视觉上与人物主体相协调的背景图像。

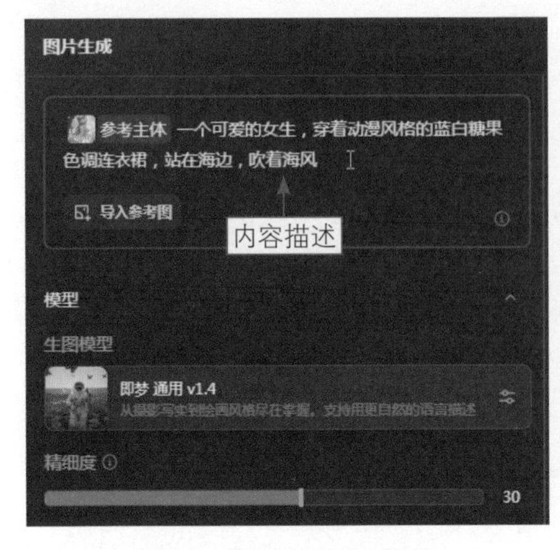

图 5-6 输入相应的内容描述

图 5-7 生成 4 幅相应的 AI 图片

★ 专家提醒 ★

在通过参考图生成 AI 图片时，AI 模型主要基于深度学习算法，尤其是卷积神经网络，它们能够理解和模拟复杂的图像特征。用户可以通过多次单击“立即生成”按钮，获得同主体内容相同但风格略有差异的多个图像版本。

042 通过人物长相进行AI创作

扫码看视频

利用即梦AI的“参考图”功能，可以参考原图中的人物长相来生成AI图片，这是一种以人物肖像为参考主体的AI图片生成技术，侧重于分析图片中人物的面部特征和风格，以创建新的AI图像，原图与效果图对比如图5-8所示。

图 5-8 原图与效果图对比

★ 专家提醒 ★

在通过“人物长相”功能以图生图时，AI 模型首先需要识别图片中的人脸，包括五官、发型、表情及面部轮廓；然后提取人物面部的关键特征，如眼睛的形状、鼻子的轮廓和微笑的弧度等；接下来尝试理解和模拟人物的表情，无论是微笑、严肃还是其他情感状态；最后，AI 进行创造性重构，在生成新图片时，AI 会努力保持原图中人物的肖像风格，如写实、卡通或油画效果，在保持人物长相的基础上，对背景、服饰或场景进行创意性的重构。

下面介绍通过人物长相进行AI创作的操作方法。

步骤 01 进入“图片生成”页面，单击“导入参考图”按钮，弹出“打开”对话框，选择需要上传的参考图，如图5-9所示。

步骤 02 单击“打开”按钮，弹出“参考图”对话框，选中“人物长相”单选按钮，如图5-10所示，此时AI会自动识别参考图中的人物长相。

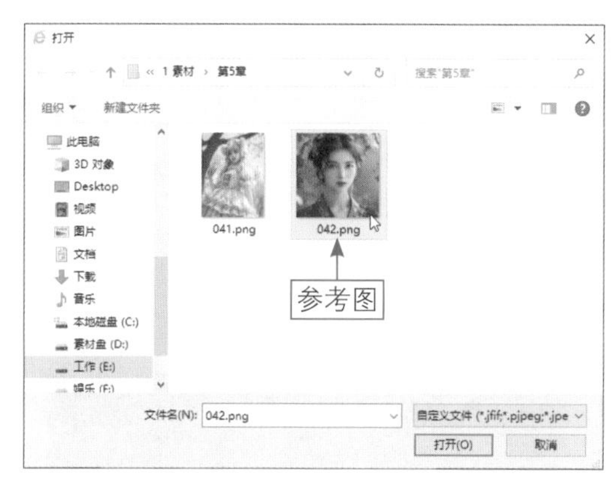

图 5-9　选择需要上传的参考图

图 5-10　选中“人物长相”单选按钮

步骤 03 单击“保存”按钮，返回“图片生成”页面，输入框中显示了已上传的参考图，输入相应的内容描述，用于指导AI生成特定的图像，如图5-11所示。

步骤 04 单击“立即生成”按钮，即可生成4幅相应的AI图片，如图5-12所示。通过生成的图片可以看出，AI从参考图中提取了人物长相，并应用到了新图片的生成中，创建出了一系列具有相同面部特征但风格各异的AI图片。

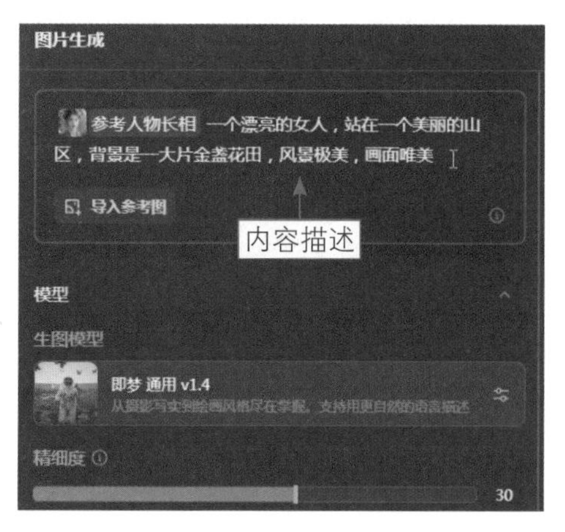

图 5-11　输入相应的内容描述

图 5-12 生成 4 幅相应的 AI 图片

043 通过边缘轮廓进行AI创作

扫码看视频

利用即梦AI的“参考图”功能中，可以参考原图中主体的边缘轮廓来生成AI图片，这种AI技术特别关注物体或场景的外形和边界，使用AI来识别和复制这些轮廓，然后在此基础上生成具有相似轮廓特征的新图片，原图与效果图对比如图5-13所示。

图 5-13 原图与效果图对比

★ 专家提醒 ★

通过“边缘轮廓”功能以图生图时，AI 首先需要分析图片中的物体轮廓，识别出边缘的走向和形状；在生成新图片时，AI 会努力保持原图中物体的轮廓形状，确保新图像中物体的外形与参考图中的相似，创造出具有一致视觉风格的新图片。

下面介绍通过边缘轮廓进行AI创作的操作方法。

步骤 01 进入“图片生成”页面，单击“导入参考图”按钮，弹出“打开”对话框，选择需要上传的参考图，如图5-14所示。

步骤 02 单击“打开”按钮，弹出“参考图”对话框，选中“边缘轮廓”单选按钮，如图5-15所示，此时AI会自动识别参考图中的边缘轮廓。

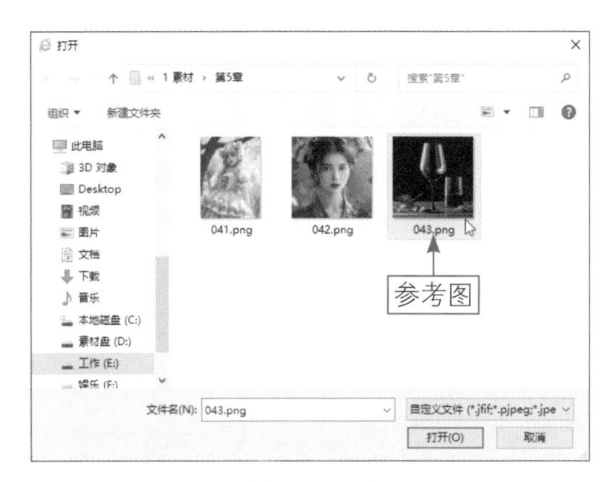

图 5-14　选择需要上传的参考图

图 5-15　选中“边缘轮廓”单选按钮

步骤 03 单击“保存”按钮，返回“图片生成”页面，输入框中显示了已上传的参考图，输入相应的内容描述，并设置生图模型，如图5-16所示，指导AI生成理想的图片效果。

步骤 04 单击“立即生成”按钮，即可生成4幅相应的AI图片，如图5-17所示。通过生成的图片可以看出，AI从参考图中提取了对象的边缘轮廓，并应用到了新图片的生成中，创建出了一系列具有相同边缘轮廓但风格各异的AI图片。

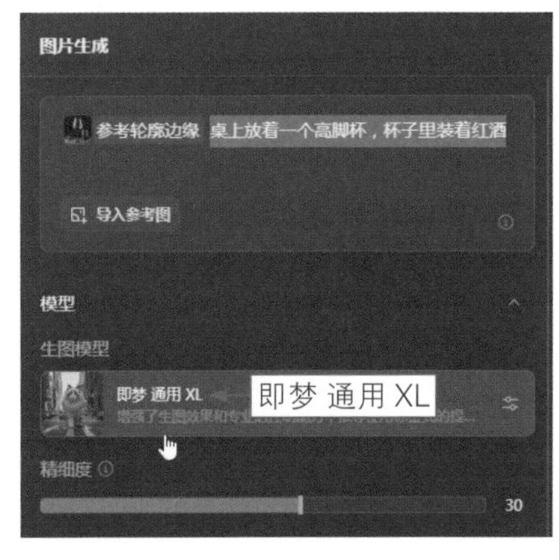

图 5-16　设置生图模型

图 5-17　生成 4 幅相应的 AI 图片

★ 专家提醒 ★

在通过“边缘轮廓”功能以图生图时，是基于图像处理和机器学习技术，使AI模型能够理解和模拟复杂的轮廓特征的。在生图过程中，虽然对象的边缘轮廓保持一致，但AI在轮廓内部填充了新的内容或图案，以提供创新的视觉元素，这种技术可以用于艺术创作、设计原型、广告制作等多种场景。

044 通过景深效果进行AI创作

扫码看视频

利用即梦AI的“参考图”功能，可以参考原图中的景深效果来生成AI图片。景深是指照片中看起来清晰的那部分前后延伸的范围，通常与摄影中的光圈、焦距和拍摄距离有关。AI首先要分析图片中的景深效果，识别出前景、中景和背景的清晰度变化，确定图片中的焦点区域，即视觉上最为清晰的部分，然后将这种效果应用到新的场景或图像中，创造出具有相似视觉深度的新图片，原图与效果图对比如图5-18所示。

图5-18 原图与效果图对比

下面介绍通过景深效果进行AI创作的操作方法。

步骤01 进入“图片生成”页面，单击“导入参考图”按钮，弹出“打开”对话框，选择需要上传的参考图，如图5-19所示。

步骤02 单击“打开”按钮，弹出“参考图”对话框，选中“景深”单选按钮，如图5-20所示，此时AI会自动识别参考图中的景深效果。

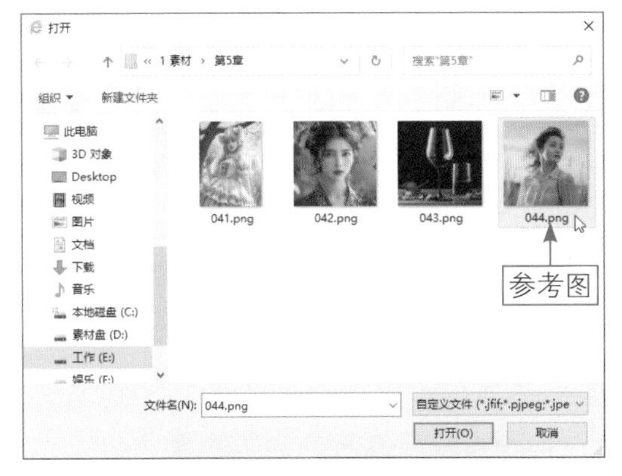

图 5-19　选择需要上传的参考图

图 5-20　选中“景深”单选按钮

★ 专家提醒 ★

即梦 AI 中的景深图其实就是一种深度图，它是控制图像结构和光影效果的强大工具，不仅可以用来复原画面构图，还能结合具体的提示词，实现更加精细和生动的图像效果。深度图，也被称作距离图，是一种特殊的图像，它记录了场景中每个区域相对于图像采集器的距离。在深度图中，使用 0 ~ 255 的灰度值来表示距离，其中 0 代表场景中最远的点，而 255 代表场景中最近的点。通过这些不同的灰度值，深度图能够呈现出场景的三维距离信息，形成一幅由不同灰阶组成的图像。

步骤 03 单击“保存”按钮，返回“图片生成”页面，输入框中显示了已上传的参考图，输入相应的内容描述，用于指导AI生成特定的图像，如图5-21所示。

步骤 04 单击“立即生成”按钮，即可生成4幅相应的AI图片，如图5-22所示。通过生成的图片可以看出，AI从参考图中提取了画面的景深效果，并应用到了新图片的生成中，创建出了一系列具有相同景深效果但风格各异的AI图片。

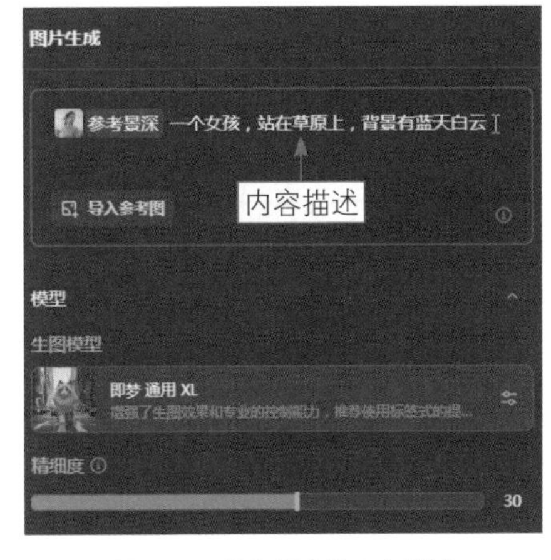

图 5-21　输入相应的内容描述

图 5-22　生成 4 幅相应的 AI 图片

045 通过人物姿势进行AI创作

扫码看视频

利用即梦 AI 的“参考图”功能，可以参考原图中人物的姿势来生成 AI 图片。AI 首先会识别参考图中人物的姿势，包括站姿、坐姿、手势等；然后分析人物的身体姿态，如倾斜、弯曲或伸展等，以及这些姿态所传达的情感或意图；最后，在生成新图片时，AI 会努力保持原图中人物的姿势和姿态，确保新图像中人物的姿势与参考图中的一致。艺术家可以使用这项技术来探索人物姿势在艺术作品中的表现力，原图与效果图对比如图 5-23 所示。

图 5-23 原图与效果图对比

下面介绍通过人物姿势进行AI创作的操作方法。

步骤 01 进入“图片生成”页面，单击“导入参考图”按钮，弹出“打开”对话框，选择需要上传的参考图，如图5-24所示。

步骤 02 单击“打开”按钮，弹出“参考图”对话框，选中“人物姿势”单选按钮，如图5-25所示，此时AI会自动识别参考图中的人物姿势。

图 5-24 选择需要上传的参考图

图 5-25 选中“人物姿势”单选按钮

步骤03 单击“保存”按钮，返回“图片生成”页面，输入框中显示了已上传的参考图，输入相应的内容描述，用于指导AI生成特定的图像，如图5-26所示。

步骤04 单击“立即生成”按钮，即可生成4幅相应的AI图片，如图5-27所示。通过生成的图片可以看出，AI从参考图中提取了人物的姿势，并应用到了新图片的生成中，创建出了一系列具有相同人物姿势但风格各异的AI图片。

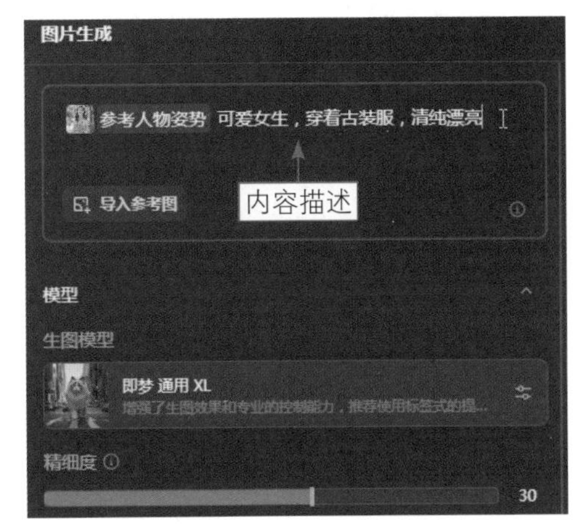

图5-26　输入相应的内容描述

图5-27　生成4幅相应的AI图片

★ 专家提醒 ★

参考人物姿势功能主要是基于OpenPose模型来实现的，它是一种先进的人体姿态估计工具，用于精确捕捉人物的动作和姿态。相较于仅依赖提示词来指导图像生成，OpenPose模型提供了一种更为直观和有效的方法来控制人物的动作，尤其适用于生成具有复杂或夸张动作的图像。当面临需要表现特定动作或独特身体姿态的创作挑战时，OpenPose模型便能够提供出色的解决方案，帮助用户轻松实现理想的视觉效果。

5.2　精细控制AI出图效果

在使用即梦AI的图生图功能进行创作的过程中，用户不仅可以上传一张参考图来奠定作品的基本框架，还能够通过一系列高级功能来精细控制生成的图像效果。

046　修改图片的参考程度

扫码看视频

如果使用图生图功能生成的图像未完全达到预期效果，用户可以修改图片的参考程度，使AI生成的图像接近参考的图片，原图与效果图对比如图5-28所示。

图 5-28 原图与效果图对比

下面介绍修改图片参考程度的操作方法。

步骤 01 进入“图片生成”页面，单击“导入参考图”按钮，弹出“打开”按钮，选择相应的参考图，如图5-29所示。

步骤 02 单击“打开”按钮，弹出“参考图”对话框，添加相应的参考图，选中“边缘轮廓”单选按钮，如图5-30所示，系统会自动检测和提取图像中对象的边缘轮廓，并生成相应的轮廓图。

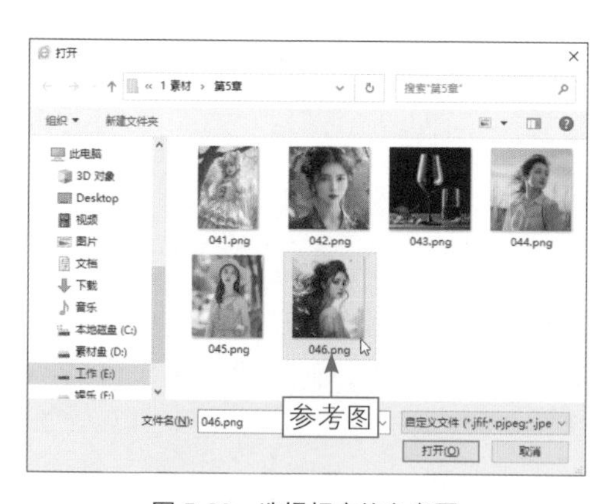

图 5-29 选择相应的参考图

图 5-30 选中“边缘轮廓”单选按钮

★ 专家提醒 ★

设置“参考程度”参数可以帮助用户在保持整体结构的同时，对细节进行微调，使得生成的图像既保留原始轮廓的特点，又具有新的视觉效果。在转换风格时，用户可能希望AI在保持原始图像边缘轮廓的基础上，对图像内容进行重新诠释，这时“参考程度”就成为一个重要的调节工具。

不同的创作目的可能需要不同程度的轮廓参考。例如，如果用户想要一个与原图非常相似的图像，可以适当提高“参考程度”参数值；如果用户希望AI提供更多的创意空间，则可以适当降低“参考程度”参数值。

步骤 03 单击“参考程度”按钮，设置“参考程度”参数为70，适当提升参考图对AI生图结果的影响，如图5-31所示。

步骤 04 单击“保存”按钮，输入相应的提示词，单击“立即生成”按钮，AI会生成与参考图相似度更高的图像，效果如图5-32所示。

图 5-31　设置“参考程度”参数

图 5-32　生成相应的图像效果

047　重新设置AI图片的比例

扫码看视频

在“参考图”对话框中，默认使用的是1：1的方图比例，如果用户不想生成方图，则可以重新设置生图比例，以更好地适应和展示图片内容，原图与效果图对比如图5-33所示。

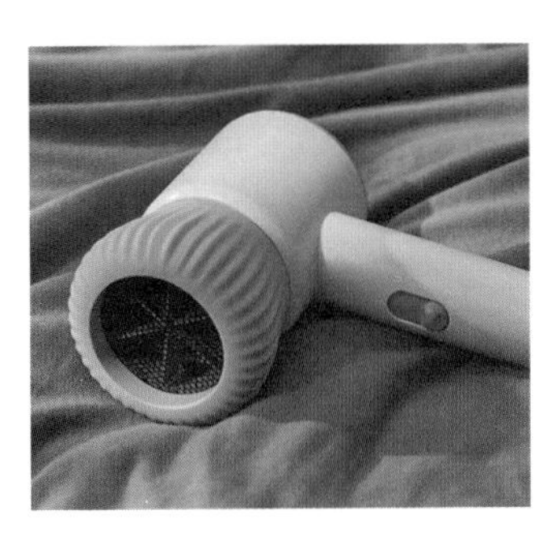

图 5-33　原图与效果图对比

下面介绍重新设置AI图片比例的操作方法。

步骤 01 进入“图片生成”页面，单击“导入参考图”按钮，弹出“打开”按钮，选择相应的参考图，如图5-34所示。

步骤 02 单击“打开”按钮，弹出“参考图”对话框，添加相应的参考图，单击“生图比例”按钮，如图5-35所示。

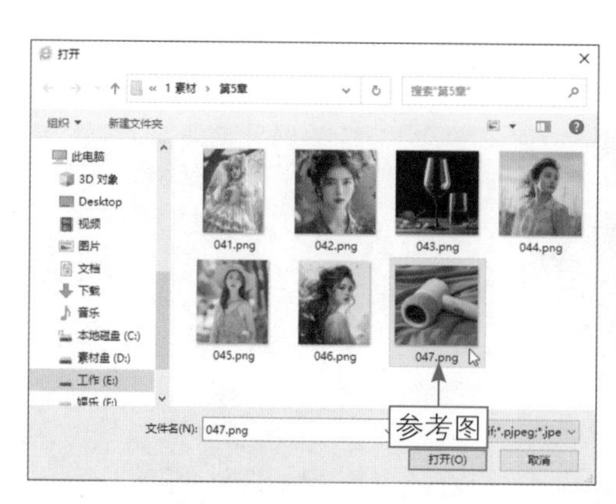

图 5-34 选择相应的参考图

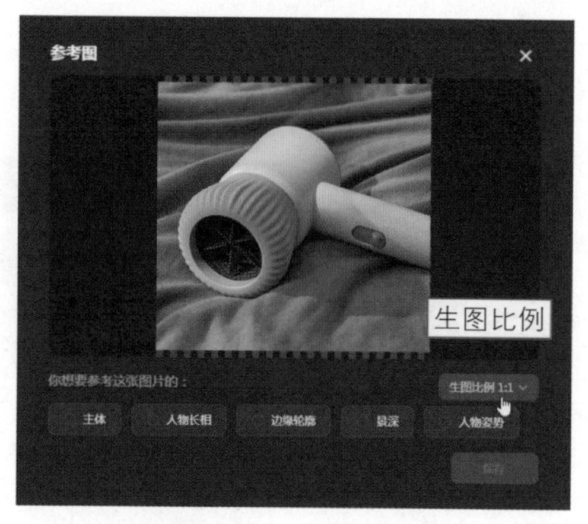

图 5-35 单击“生图比例”按钮

步骤 03 执行操作后，弹出“图片比例”面板，选择4：3选项，如图5-36所示。

步骤 04 执行操作后，即可将参考图的生图比例调整为4：3，如图5-37所示。

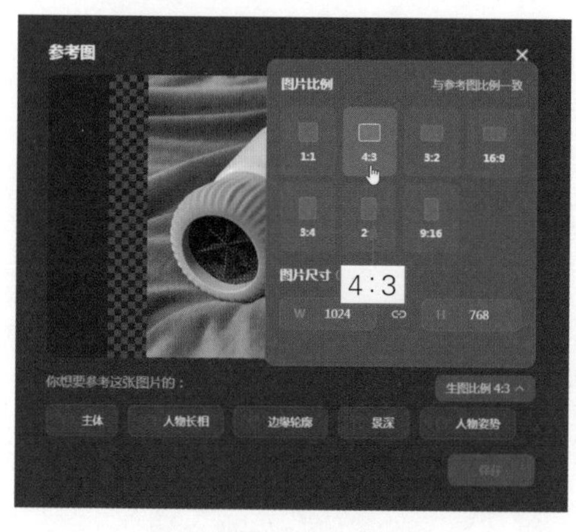

图 5-36 选择 4 ： 3 选项

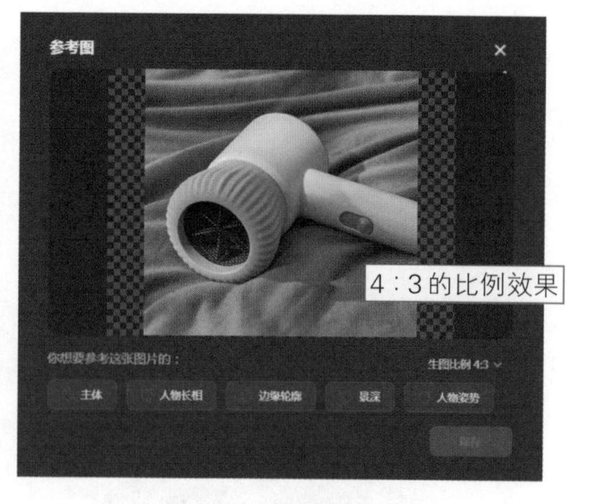

图 5-37 调整生图比例

步骤 05 选中“景深”单选按钮，系统会自动识别图像中的深度信息，并生成相应的景深图，如图5-38所示。

步骤06 单击“保存”按钮，即可上传参考图，输入相应的提示词，用于指导AI生成特定的图像，如图5-39所示。

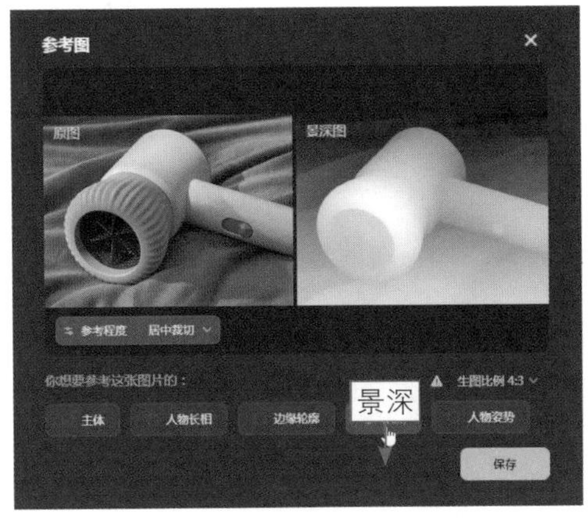

图5-38　选中“景深”单选按钮

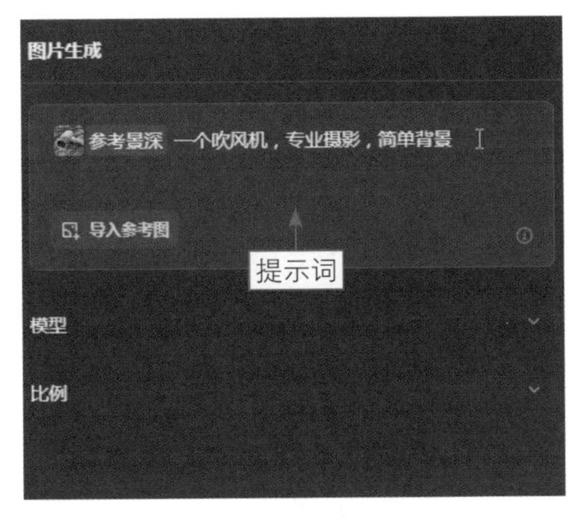

图5-39　输入相应的提示词

★ 专家提醒 ★

在“图片比例”面板中，提供了多种预设的比例选项，如常见的4∶3、16∶9等。这些预设选项可以帮助用户快速找到合适的比例，省去了手动输入的麻烦。

步骤07 单击“比例”右侧的下三角按钮，展开“比例”选项区，选择4∶3选项，使AI的生图比例与参考图一致，如图5-40所示。

步骤08 单击“立即生成”按钮，AI会根据参考图中的景深信息生成相应的图像，效果如图5-41所示。

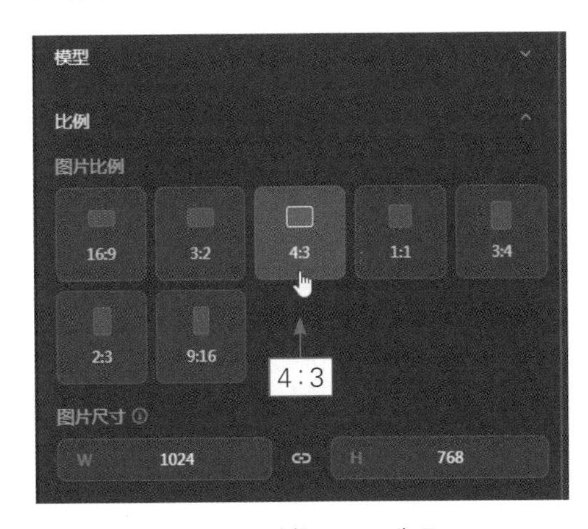

图5-40　选择4∶3选项

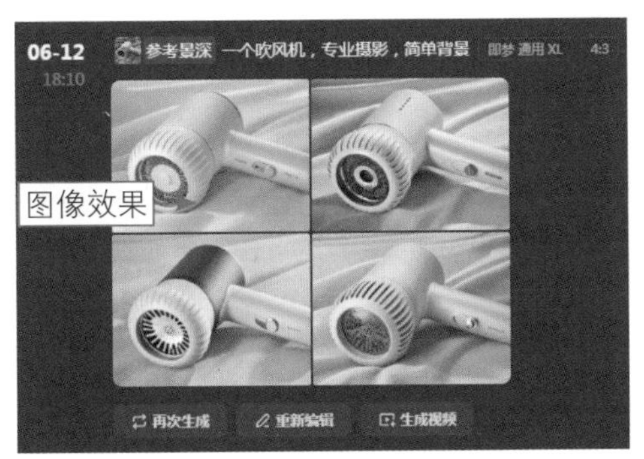

图5-41　生成相应的图像效果

048 通过细节重绘修复瑕疵

扫码看视频

利用即梦AI的“细节重绘”功能可以修复图像中的一些瑕疵，如模糊、像素化或色彩失真等，从而显著提高图像的质量，原图与效果图对比如图5-42所示。

图 5-42　原图与效果图对比

下面介绍通过细节重绘修复瑕疵的操作方法。

步骤 01 进入“图片生成”页面，单击“导入参考图”按钮，弹出“打开”按钮，选择相应的参考图，如图5-43所示。

图 5-43　选择相应的参考图

步骤 02 单击"打开"按钮，弹出"参考图"对话框，添加相应的参考图，单击"生图比例"按钮，在弹出的面板中选择3：4选项，如图5-44所示。

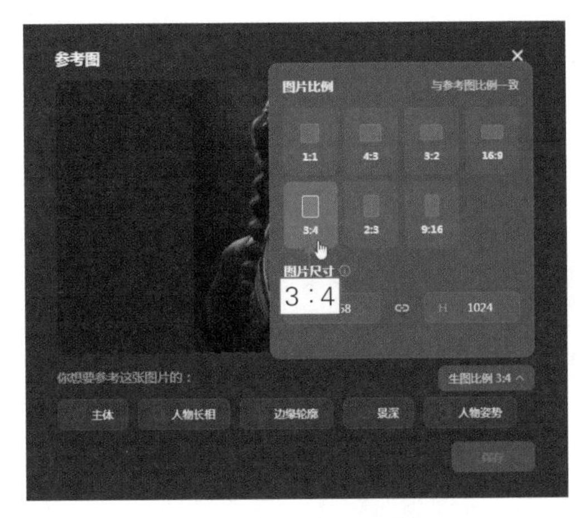

图 5-44　选择 3 ：4 选项

步骤 03 执行操作后，即可将参考图的生图调整为竖图形式，如图5-45所示。

步骤 04 选中"人物姿势"单选按钮，AI能够检测图像中的人物姿势，并生成相应的骨骼图，如图5-46所示。

图 5-45　将生图调整为竖图形式

图 5-46　选中"人物姿势"单选按钮

★ 专家提醒 ★

"细节重绘"功能是一种先进的图像处理技术，它能够对图像中的细节进行增强和优化，使得原本模糊或不易辨认的部分变得更加清晰和生动。

在艺术创作和设计领域中，"细节重绘"功能可以帮助艺术家和设计师在创作过程中更加精细地调整和完善作品的细节。例如，在绘画中加强人物的面部特征、衣物的纹理，或者在设计中提升产品的外观设计和功能细节。

此外，“细节重绘”功能还可以应用于虚拟现实和增强现实技术，提升用户的视觉体验，使得虚拟世界中的物体和场景更加逼真。

步骤 05 单击“保存”按钮，即可上传参考图，输入相应的提示词，用于指导AI生成特定的图像，如图5-47所示。

步骤 06 单击“立即生成”按钮，AI会根据参考图中的人物姿势生成相应的图像，效果如图5-48所示。

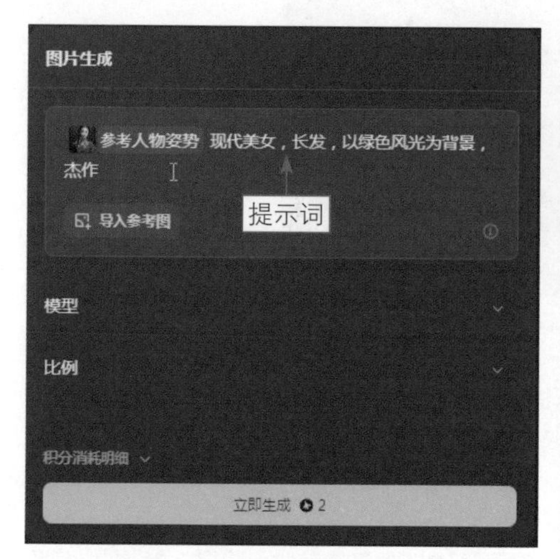

图 5-47 输入相应的提示词

图 5-48 生成相应的图像效果

步骤 07 选择合适的图像，单击下方的“细节重绘”按钮，如图5-49所示。

步骤 08 执行操作后，即可生成质量更高的图像，效果如图5-50所示。

图 5-49 单击“细节重绘”按钮

图 5-50 生成质量更高的图像效果

049　快速下载喜欢的AI图片

当用户在即梦AI平台上成功生成符合期望的图像效果后，可以轻松地将这些图片保存到本地，原图与效果图对比如图5-51所示。下载过程通常非常简单，只需单击“下载”按钮，系统就会将图片以用户选择的格式（如JPEG、PNG等）保存到用户的设备上。

图 5-51　原图与效果图对比

下面介绍快速下载喜欢的AI图片的操作方法。

步骤 01 进入“图片生成”页面，单击“导入参考图”按钮，弹出“打开”按钮，选择相应的参考图，如图5-52所示。

步骤 02 单击“打开”按钮，弹出“参考图”对话框，添加相应的参考图，选中“人物长相”单选按钮，系统会自动识别并选中图像中人物的面部，如图5-53所示。

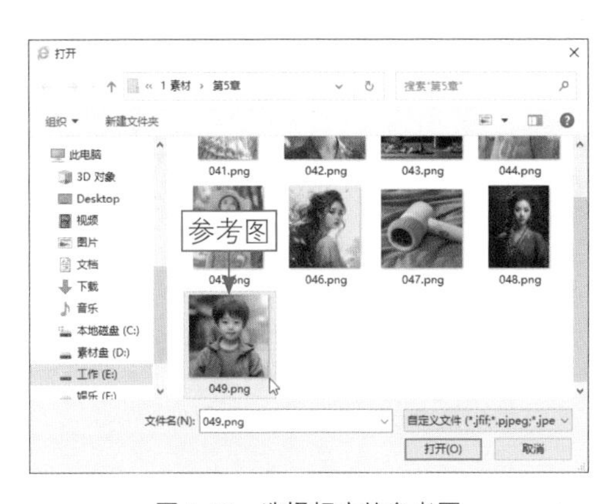

图 5-52　选择相应的参考图

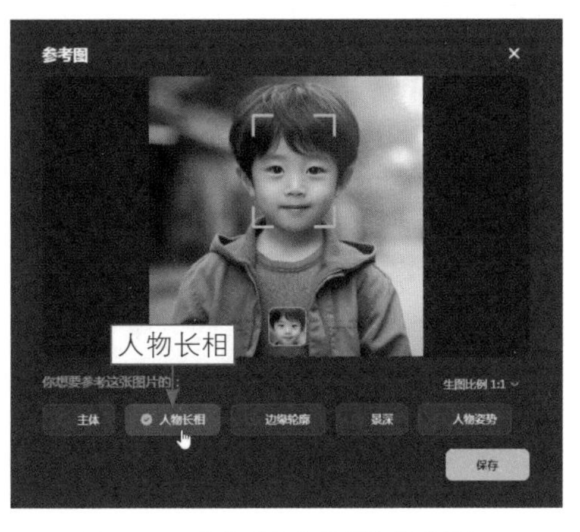

图 5-53　选中“人物长相”单选按钮

步骤03 单击“保存”按钮，即可上传参考图，输入相应的提示词，并选择一个动漫风格的生图模型，如“即梦 动漫v1.1”，用于指导AI生成特定内容和画风的图像，如图5-54所示。

步骤04 单击“立即生成”按钮，AI会根据参考图中人物的长相生成相应的图像，效果如图5-55所示。

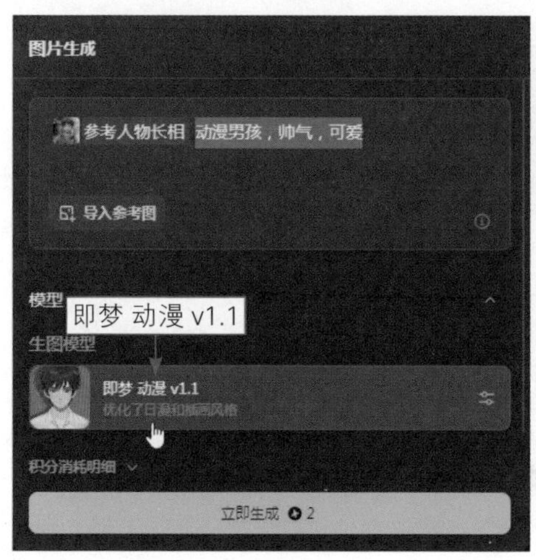

图 5-54 选择动漫风格的生图模型

图 5-55 生成相应的图像效果

步骤05 选择合适的图像，单击下方的“下载”按钮，如图5-56所示，即可下载所选的单张图片。

步骤06 在生成的图像效果右侧，单击文件夹按钮，效果如图5-57所示。

图 5-56 单击“下载”按钮

图 5-57 单击相应的按钮

步骤07 执行操作后，进入“你的图片”页面，单击右上角的“批量操作”

按钮，如图5-58所示。

步骤 08 执行操作后，选择相应的组图（支持多选），单击“下载”按钮，如图5-59所示，即可批量下载图像。

图 5-58　单击“批量操作”按钮

图 5-59　单击“下载”按钮

★ 专家提醒 ★

AI 图片下载完成后，用户可以自由地将这些图片用于个人项目或分享到社交媒体上。无论是用于打印出版、网站设计、广告宣传还是个人收藏，这些图片都能以高清晰度和专业品质满足用户的需求。为了提升用户体验，即梦 AI 还提供了批量下载功能，允许用户一次性下载多张图片，节省了时间并提高了效率。同时，即梦 AI 还会自动将图片保存到云存储服务器中，方便用户随时随地访问和管理。

第 6 章　一键生成同款绘画作品

在即梦 AI 平台的“探索”页面中，用户可以浏览其他创作者的作品，从中找到自己喜欢的风格或类型，通过“做同款”功能，可以制作出类似的图片效果。这是一个学习和实践新技巧的好方法，用户可以通过模仿来进行图片创作，并逐步形成自己的风格。本章主要介绍使用“做同款”功能一键生成同款绘画作品的操作方法。

6.1　一键生成 AI 摄影作品

在即梦AI平台中，“做同款”功能简化了图片创作流程，特别是对于那些希望模仿特定风格但缺乏专业技能的用户，该功能可以作为启发创意的工具，帮助用户探索创作不同图片的可能性。本节主要介绍一键生成AI摄影作品的操作方法。

050　一键生成人像摄影作品

扫码看视频

“做同款”功能简化了人像图片的创作流程，降低了技术门槛，使得用户即使没有专业绘画或摄影技能也能创作出美丽的人像图像，效果如图6-1所示。

图 6-1　效果欣赏

下面介绍一键生成人像摄影作品的操作方法。

步骤 01 切换至“探索”页面，在“图片”选项卡中，单击“摄影”标签，切换至“摄影”选项卡，在其中选择相应的人像类AI作品，单击“做同款”按钮，如图6-2所示。

图 6-2 单击“做同款”按钮

步骤 02 在页面右侧弹出“图片生成”面板，其中自动显示了这幅人像作品所需的提示词描述，单击“立即生成”按钮，如图6-3所示。

图 6-3 单击“立即生成”按钮

步骤 03 进入“图片生成”页面，AI开始解析文本描述并转化为视觉元素，稍等片刻，即可显示通过模板生成的AI人像摄影作品，如图6-4所示。

图 6-4　通过模板生成的人像摄影作品

★ 专家提醒 ★

在生成 AI 人像摄影作品时，用户还可以在已有提示词的基础上添加新的内容描述，使生成的人像效果更加符合用户的需求，比如人物的姿态、服装风格、背景元素等。

另外，用户在通过“做同款”功能生成 AI 人像摄影作品时，在右侧的“图片生成”面板中，可以展开“模型”和“比例”选项区，修改 AI 的生成模型与图片比例。

051　一键生成动物摄影作品

扫码看视频

动物摄影作品可以作为教育工具，帮助学生了解动物的形态、习性和生态环境，增加对生物多样性的认识。在电影、电视、动画、游戏和图书中，动物图像被用来创造角色和故事情节，提供娱乐和教育价值。在即梦AI平台中生成动物类AI图片时，尽管是基于同款创作作品，用户仍然可以发挥自己的创意，创作出生动的动物摄影作品，效果如图6-5所示。

图 6-5　效果欣赏

下面介绍一键生成动物摄影作品的操作方法。

步骤 01 切换至“探索”页面，在“图片”选项卡中，单击“摄影”标签，切换至“摄影”选项卡，在其中选择相应的动物类AI作品，单击“做同款”按钮，如图6-6所示。

图 6-6 单击“做同款”按钮

★ 专家提醒 ★

选择相应的动物类 AI 作品后，单击“做同款”右侧的♡按钮，可以对该 AI 作品进行收藏，方便以后调用。

步骤 02 在页面右侧弹出“图片生成”面板，其中自动显示了这幅动物作品所需的提示词描述。展开“模型”选项区，设置“精细度”为41，增加生成图片的细节；展开“比例”选项区，选择1：1选项，将生成的AI图片设置为正方形，如图6-7所示。

步骤 03 单击“立即生成”按钮，进入“图片生成”页面，AI开始解析文本描述并转化为视觉元素，稍等片刻，即可显示通过模板生成的动物摄影作品，如图6-8所示。

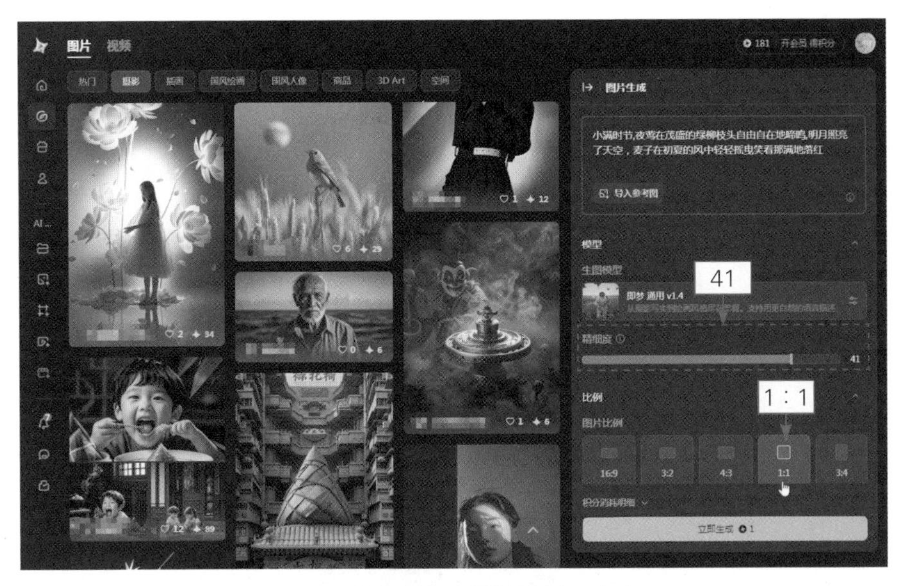

图 6-7　将生成的 AI 图片设置为正方形

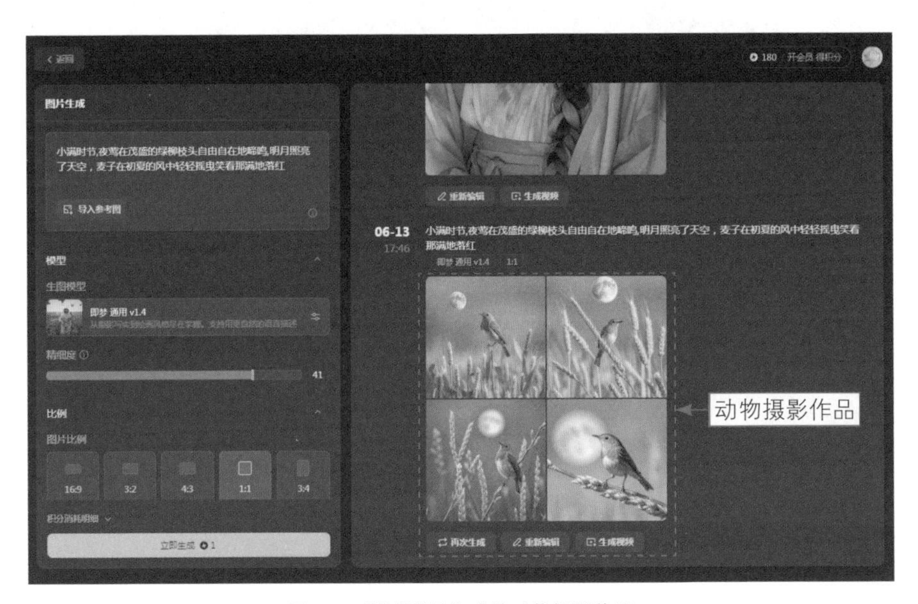

图 6-8　通过模板生成的动物摄影作品

★ 专家提醒 ★

即梦 AI 的 AI 模型基于深度学习算法，能够理解和生成复杂且逼真的动物图像。即梦 AI 提供了直观易用的用户界面，帮助用户轻松使用“做同款”功能。利用 AI 生成作品后，用户可以预览生成的动物摄影作品效果，并进行微调，直至满意；也可以多次单击“再次生成”按钮，生成多组，直至获得满意的效果为止。

052 一键生成草原摄影作品

用户在即梦AI平台中浏览草原风光类作品时，可以选择一幅自己喜欢的草原风光作品，用“做同款”功能生成类似的AI图片，效果如图6-9所示。

图6-9 效果欣赏

下面介绍一键生成草原摄影作品的操作方法。

步骤 01 切换至“探索”页面，在“图片”选项卡中，在其中选择相应的风光类AI作品，单击“做同款”按钮，如图6-10所示。

图6-10 单击“做同款”按钮

步骤 02 在页面右侧弹出“图片生成”面板，其中自动显示了这幅风光作品所需的提示词描述，展开“比例”选项区，选择1：1选项，将生成的AI图片设置为正方形，如图6-11所示。

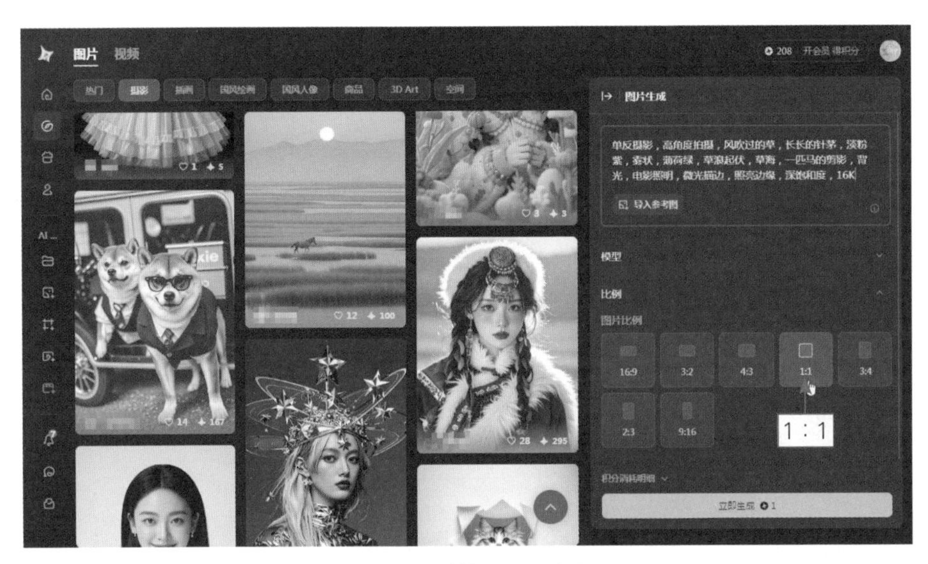

图 6-11　选择 1 ：1 选项

步骤 03 单击“立即生成”按钮，进入“图片生成”页面，AI开始解析文本描述并转化为视觉元素，稍等片刻，即可显示通过模板生成的AI草原风光作品，如图6-12所示。

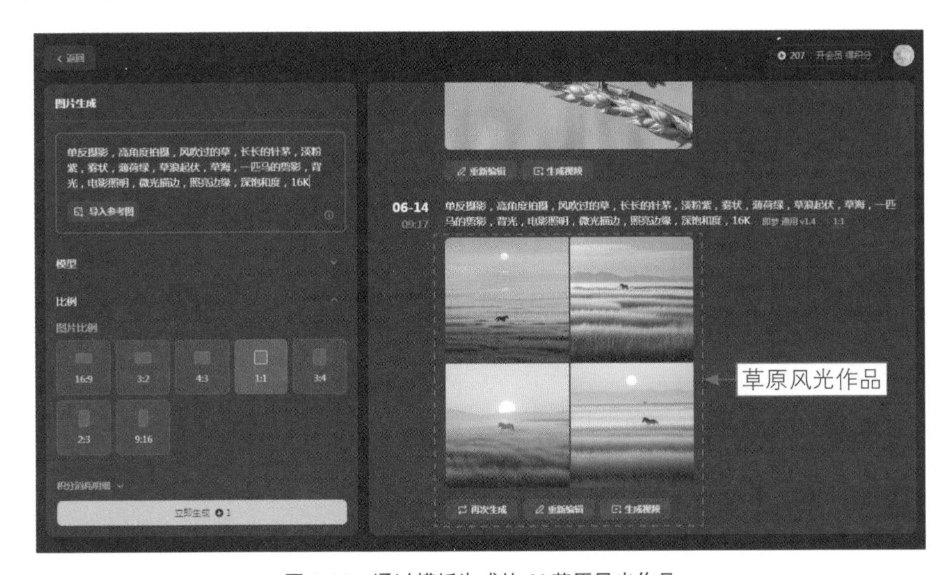

图 6-12　通过模板生成的 AI 草原风光作品

6.2 一键生成 AI 国风作品

AI国风作品是指利用人工智能技术创作的以中国传统文化元素为主题的艺术作品，通常以中国传统文化为主题，如山水画、花鸟画、中国古典诗词、京剧脸谱、中国结等元素。本节主要介绍一键生成AI国风作品的操作方法。

053 一键生成国风绘画作品

扫码看视频

国风绘画作品，又称中国画或国画，是中国传统的绘画艺术形式，具有悠久的历史和深厚的文化底蕴，主要包括山水画、人物画和花鸟画等。图6-13所示为使用即梦AI一键生成的国风绘画作品。

图 6-13 效果欣赏

下面介绍一键生成国风绘画作品的操作方法。

步骤 01 切换至“探索”页面，在“图片”选项卡中，单击“国风绘画”标签，切换至“国风绘画”选项卡，在其中选择相应的国风绘画作品，单击“做同款”按钮，如图6-14所示。

步骤 02 在页面右侧弹出“图片生成”面板，其中显示了这幅国风绘画作品所需的提示词描述，展开“模型”选项区，设置“精细度”为40，如图6-15所示，增加生成图片的细节。

图 6-14　单击“做同款”按钮

图 6-15　设置“精细度”为 40

步骤 03 单击“立即生成”按钮，进入“图片生成”页面，AI开始解析文本描述并转化为视觉元素，稍等片刻，即可显示通过模板生成的AI国风绘画作品，如图6-16所示。

图 6-16 通过模板生成的 AI 国风绘画作品

054 一键生成国风人像作品

扫码看视频

国风人像作品，是指在中国传统绘画艺术中以人物为主要描绘对象的作品，这类作品注重人物的表情和姿态，表情可以传达人物的情感，姿态则可以展现人物的性格和动态，使人物形象栩栩如生，具有强烈的感染力，效果如图6-17所示。

图 6-17 效果欣赏

下面介绍一键生成国风人像作品的操作方法。

步骤 01 切换至“探索”页面，在“图片”选项卡中，单击“国风人像”标签，切换至“国风人像”选项卡，在其中选择相应的国风人像作品，单击“做同款”按钮，如图6-18所示。

图 6-18　单击“做同款”按钮

步骤 02 在页面右侧弹出“图片生成”面板，其中自动显示了这幅国风作品所需的提示词描述，展开“模型”选项区，设置“精细度”为40，如图6-19所示，增加生成图片的细节。

图 6-19　设置“精细度”为 40

步骤 03 单击“立即生成”按钮，进入“图片生成”页面，AI开始解析文本描述并转化为视觉元素，稍等片刻，即可显示通过模板生成的AI国风人像作品，如图6-20所示。

图 6-20　通过模板生成的 AI 国风人像作品

步骤 04 如果用户对生成的效果不满意，此时可以单击“再次生成”按钮，基于用户先前提供的输入（如文本描述、上传的图片、选择的风格等），重新生成新的AI图片，逐步得到想要的最终效果，如图6-21所示。

图 6-21　重新生成新的 AI 国风人像作品

6.3　一键生成 AI 商品图片

在即梦AI平台中，“做同款”功能可以帮助用户创作出与选定商品图片风格相似的图像，这种功能特别适用于产品展示、广告设计、电子商务等领域的用户。本节主要介绍一键生成AI商品图片的操作方法。

055　一键生成产品包装图片

扫码看视频

用户在即梦AI平台上浏览产品包装类的AI图片时，可以选择一张自己希望模仿的产品图片作为参考，然后生成类似的产品包装效果，如图6-22所示。

图 6-22　效果欣赏

下面介绍一键生成产品包装图片的操作方法。

步骤 01 切换至“探索”页面，在“图片”选项卡中，单击“商品”标签，切换至“商品”选项卡，在其中选择相应的产品包装图片，单击“做同款”按钮，如图6-23所示。

图 6-23　单击“做同款”按钮

步骤 02 在页面右侧弹出“图片生成”面板，其中显示了这张产品包装图片所需的提示词描述，如图6-24所示。

图 6-24　显示了相应的提示词描述

步骤 03 单击“立即生成”按钮，进入“图片生成”页面，AI开始解析文本描述并转化为视觉元素，稍等片刻，即可显示通过模板生成的AI产品包装图片，如图6-25所示。

图 6-25　通过模板生成的 AI 产品包装图片

★ 专家提醒 ★

商品图片是包装设计的重要组成部分，有助于在零售环境中突出产品，吸引顾客。如果用户需要获得一些商品包装效果图，但自己的设计水平有限，此时可以使用即梦 AI 进行 AI 创作，轻松获得理想的商品包装效果。

056　一键生成美食商品图片

扫码看视频

美食商品图片是营销和广告的重要工具，它的首要任务是吸引观众的注意力，通过视觉艺术的形式来展示食品的吸引力，传达出食品的新鲜度和美味，激发消费者的购买欲望。使用即梦AI可以一键生成美食商品图片，效果如图6-26所示。

图 6-26　效果欣赏

下面介绍一键生成美食商品图片的操作方法。

步骤 01 切换至“探索”页面，在“图片”选项卡中，单击“商品”标签，切换至“商品”选项卡，在其中选择相应的美食商品图片，单击“做同款”按钮，如图6-27所示。

图 6-27　单击“做同款”按钮

步骤 02 在页面右侧弹出“图片生成”面板，其中显示了这张美食商品图片所需的提示词描述，如图6-28所示。

图 6-28　显示了相应的提示词描述

步骤03 展开“模型”选项区，设置“精细度”为40，提高图片生成的细节；展开“比例”选项区，选择3：2选项，将生成的AI图片设置为横图，如图6-29所示。

图 6-29　选择 3 ：2 选项

步骤04 单击“立即生成”按钮，进入“图片生成”页面，AI开始解析文本描述并转化为视觉元素，稍等片刻，即可显示通过模板生成的AI美食商品图片，如图6-30所示。

图 6-30　通过模板生成的 AI 美食商品图片

第 7 章　使用智能画布进行二次创作

智能画布不仅仅是即梦 AI 平台上的一个编辑工具，更是一个全新的创作平台，让用户能够以前所未有的方式进行视觉表达。通过AI的辅助，智能画布功能能够为用户提供直观的交互体验，并实现精准的图像编辑，从而极大地提升用户的创作效率和作品质量。

7.1　创建与编辑智能画布

智能画布类似于Photoshop中的图层，但它通过AI技术增强了用户的编辑体验。在传统的图像编辑软件中，图层是编辑图像的基础元素，用户可以在不同的图层上独立地工作，从而实现复杂的图像合成和效果叠加。

智能画布则在此基础上引入了AI的文生图和图生图等一系列强大功能，使得图像编辑更加直观和高效。本节主要介绍在即梦AI平台上创建与编辑智能画布的操作方法，为图像编辑和创意表达带来更多的可能性。

057　使用“文生图”功能创建智能画布

扫码看视频

通过“文生图”功能创建智能画布，用户可以使用简单的文案实现创意图片，效果如图7-1所示。

图 7-1　效果欣赏

下面介绍使用“文生图”功能创建智能画布的操作方法。

步骤 01 在“AI作图”选项区中，单击“智能画布”按钮，如图7-2所示。

步骤 02 执行操作后，即可新建一个智能画布项目，单击左侧的“文生图”按钮，如图7-3所示。

步骤 03 执行操作后，展开“新建文生图”面板，输入相应的提示词，用于指导AI生成特定的图像，如图7-4所示。

步骤 04 单击“立即生成”按钮，即可在空白画布中生成相应的图像，同时自动生成“图层1”图层，效果如图7-5所示。

图 7-2　单击“智能画布”按钮

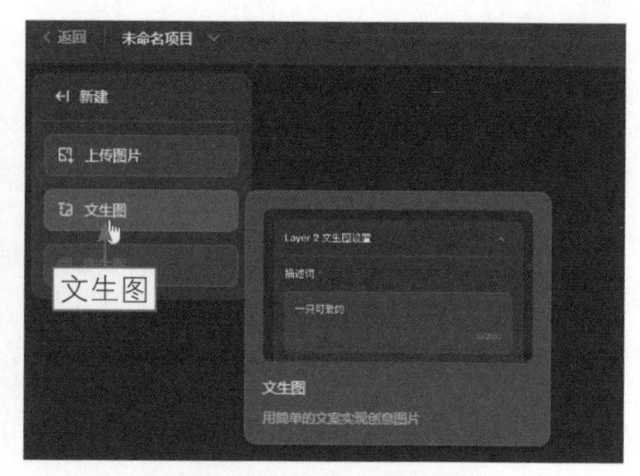

图 7-3　单击“文生图”按钮

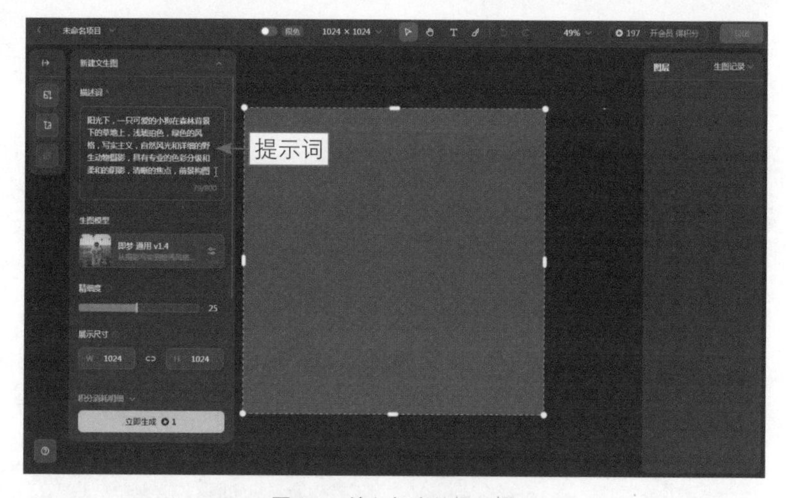

图 7-4　输入相应的提示词

图 7-5　生成相应的图像效果和图层

步骤05 在"图层1"图层中，可以看到AI同时生成了4张图片，选择相应的图片，如选择第2张图片，可以切换画布上显示的图像效果，如图7-6所示。

图 7-6　切换画布上显示的图像效果

058　使用"图生图"功能创建智能画布

扫码看视频

通过"图生图"功能创建智能画布，用户可以使用主体、轮廓边缘等功能来控制AI的生图效果，原图与效果图对比如图7-7所示。

图 7-7　原图与效果图对比

下面介绍使用"图生图"功能创建智能画布的操作方法。

步骤01 在左侧导航栏的"AI创作"菜单中单击"智能画布"超链接，如

图7-8所示。

步骤 02 执行操作后，即可新建一个智能画布项目，单击左侧的“上传图片”按钮，如图7-9所示。

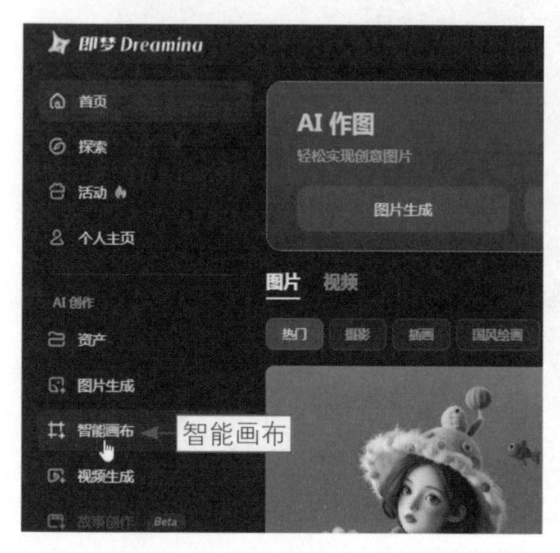

图 7-8 单击“智能画布”超链接

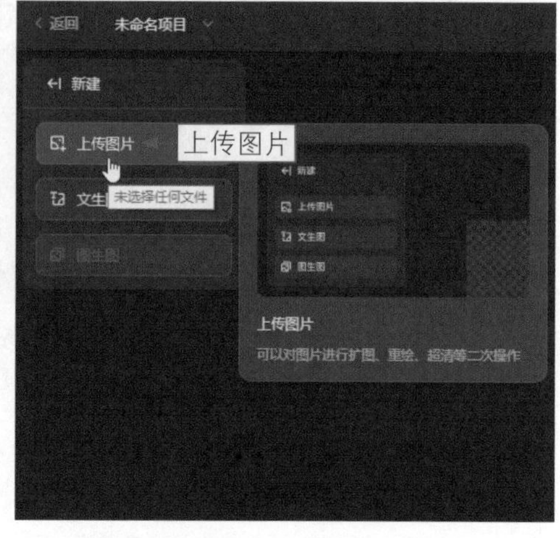

图 7-9 单击“上传图片”按钮

步骤 03 执行操作后，弹出“打开”对话框，选择相应的参考图，如图7-10所示。

步骤 04 单击“打开”按钮，即可上传参考图，如图7-11所示。

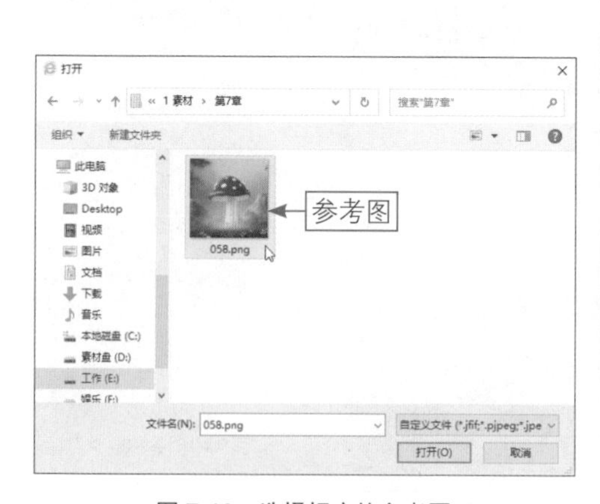

图 7-10 选择相应的参考图

图 7-11 上传参考图

步骤 05 在左侧的“新建”选项区中，单击“图生图”按钮，如图7-12所示。

步骤 06 执行操作后，展开“新建图生图”面板，输入相应的提示词，用于指导AI生成特定的图像，如图7-13所示。

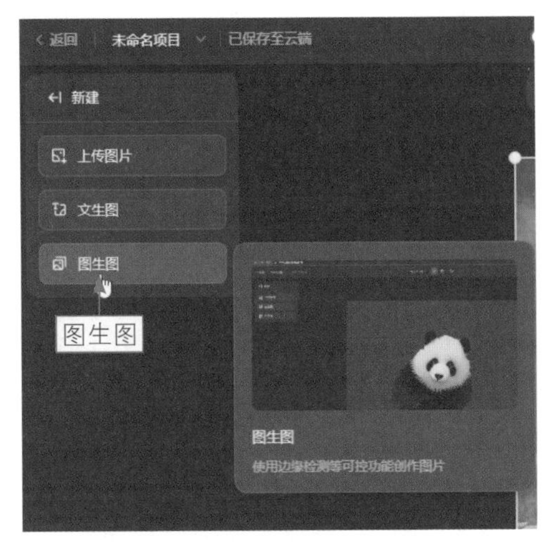

图 7-12　单击“图生图”按钮

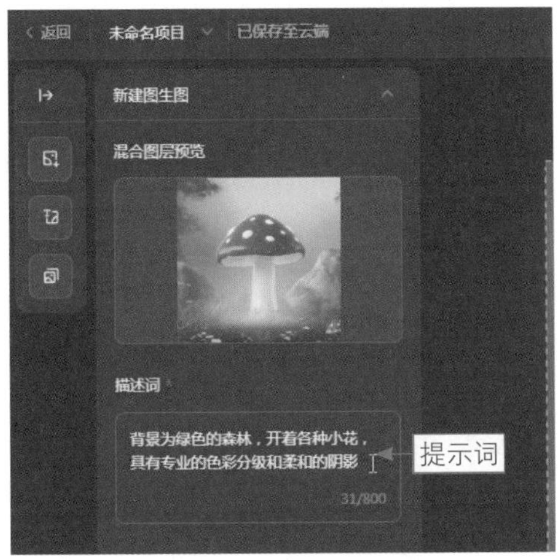

图 7-13　输入相应的提示词

步骤 07 展开“高级设置”选项区，选中“主体”单选按钮，如图7-14所示，系统会自动识别图像中的主体对象。

步骤 08 单击“立即生成”按钮，即可生成相应的图像，同时生成“图层2”图层，并保持参考图中的主体样式不变，效果如图7-15所示。

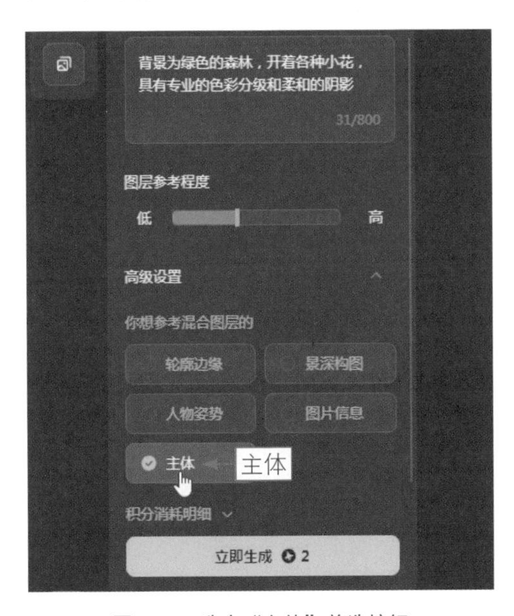

图 7-14　选中“主体”单选按钮

图 7-15　生成相应的图像和图层

步骤 09 在“图层2”图层中，可以看到AI同时生成了4张图片，选择相应的图片，如选择第4张图片，可以切换画布上显示的图像效果，如图7-16所示。

步骤 10 在预览图上单击鼠标右键，在弹出的快捷菜单中选择“保存为图片”命令，即可保存“图层2”图层中的图像效果，如图7-17所示。

图 7-16 切换画布上显示的图像效果

图 7-17 选择“保存为图片”命令

059 改变图层对象的显示顺序

扫码看视频

在即梦AI的智能画布编辑页面中，位于上方的图片会掩盖下方同一位置的图片，此时用户可以调整图片的叠放顺序，改变整幅图像的显示效果，原图与效果图对比如图7-18所示。

图 7-18 原图与效果图对比

下面介绍改变图层对象显示顺序的操作方法。

步骤 01 进入智能画布编辑页面，单击“上传图片”按钮，上传一张背景图片，如图7-19所示，单击上方的分辨率参数（1024×1024），弹出“画板调节”面板，在“画板比例”选项区中选择3：4选项，单击“应用”按钮，即可将画板比例调整为与图像尺寸一致，同时适当调整图像的位置，使其铺满整个画布。

图 7-19　上传一张背景图片

步骤 02 用相同的方法，再次单击“上传图片”按钮，上传一张图片素材，同时在“图层”面板中会生成“图层2”图层，如图7-20所示。

图 7-20　上传一张图片素材（1）

步骤 03 用相同的方法，再次单击“上传图片”按钮，上传一张图片素材，同时在“图层”面板中会生成“图层3”图层，如图7-21所示。

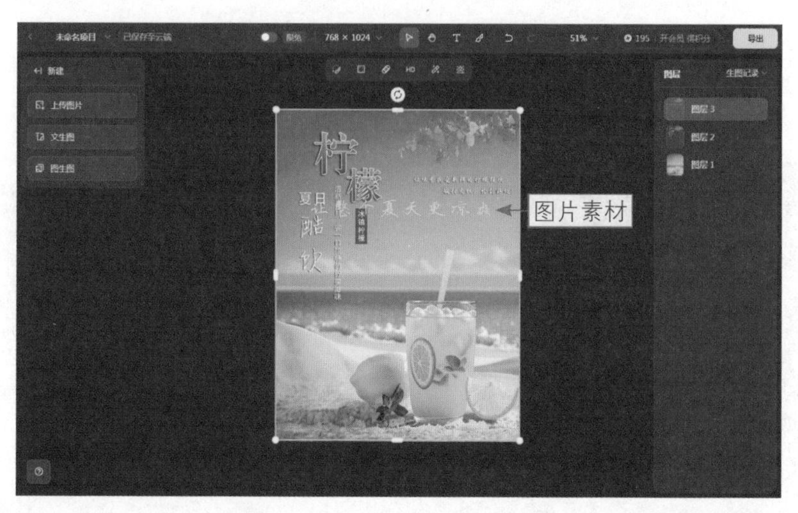

图 7-21 上传一张图片素材（2）

步骤 04 在预览窗口中的图片上单击鼠标右键，在弹出的快捷菜单中选择“图层顺序”|“置底”命令，如图7-22所示，可以将“图层3”中的图像移至底层。

步骤 05 按【Ctrl+Z】组合键，返回上一步操作，在右侧的“图层”面板中，选择“图层3”图层，单击鼠标右键，在弹出的快捷菜单中选择“图层顺序”|“置底”命令，如图7-23所示，可以将“图层3”图层移至“图层1”图层的下方。

图 7-22 选择“置底”命令（1）

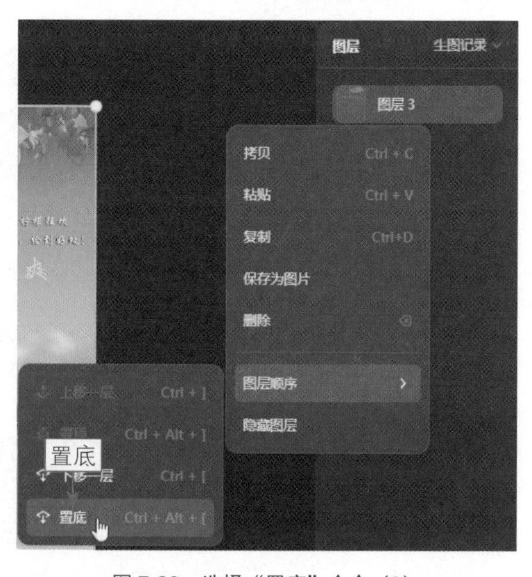

图 7-23 选择“置底”命令（2）

★ 专家提醒 ★

在本案例中，上传的图片素材均为 .png 格式的透明背景，因此上传的图像全部叠加显示在背景图片中。

步骤 06 此时，画布中的图像效果如图7-24所示。

图 7-24　预览画布中的图像效果

060　显示与隐藏智能画布图层

在即梦AI的智能画布编辑页面中，用户可以生成或上传多张AI图片，它们会以不同的图层显示在画布中，用户可根据需要对图层进行隐藏与显示操作，使制作的AI作品更加符合用户要求，原图与效果图对比如图7-25所示。

扫码看视频

图 7-25　原图与效果图对比

下面介绍显示与隐藏智能画布图层的操作方法。

步骤 01 在上一例的基础上，在“图层”面板中，选择“图层1”图层，在该图层上单击鼠标右键，在弹出的快捷菜单中选择“图层顺序”|“置底”命令，如图7-26所示，将背景图片置底显示。

步骤 02 执行操作后，可以在预览窗口中查看图像的显示效果，如图7-27所示。

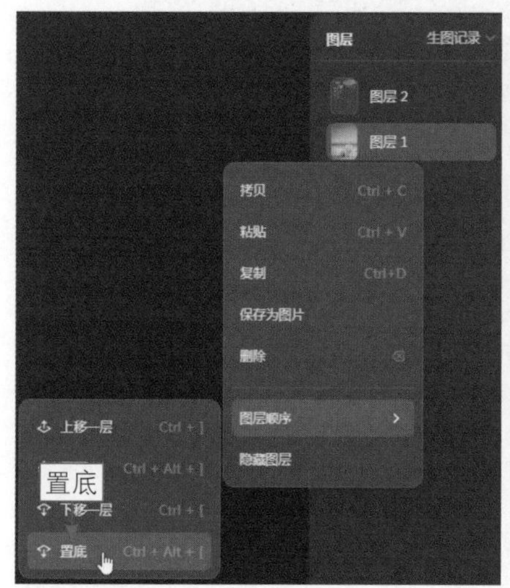

图 7-26 选择“置底”命令

图 7-27 查看图像的显示效果

★ 专家提醒 ★

在智能画布编辑页面中，用户还可以通过以下快捷键调整图层的顺序。

- 按【Ctrl+]】组合键，可以将图层上移一层。
- 按【Ctrl+Alt+]】组合键，可以将图层置顶。
- 按【Ctrl+[】组合键，可以将图层下移一层。
- 按【Ctrl+Alt+[】组合键，可以将图层置底。

步骤 03 在预览窗口中的图片上单击鼠标右键，在弹出的快捷菜单中选择“隐藏图层”命令，如图7-28所示，可以隐藏“图层2”图层中的图像素材。

步骤 04 或者在右侧的“图层”面板中，选择“图层2”图层，单击鼠标右键，在弹出的快捷菜单中选择“隐藏图层”命令，如图7-29所示，也可以隐藏“图层2”图层。

图 7-28　选择"隐藏图层"命令（1）

图 7-29　选择"隐藏图层"命令（2）

步骤 05 执行上述操作后，在"图层"面板中，"图层2"图层以灰色显示，表示该图层已被隐藏，此时画布中的图像效果如图7-30所示。

图 7-30　画布中的图像效果

061 将AI图片的尺寸放大两倍

扫码看视频

通常情况下，简单地放大图像尺寸而不增加图像的像素总数，可能会导致图像质量下降。为了避免出现这种情况，用户可以使用即梦AI的"智能画布"功能来进行高质量的图像放大，例如，将AI图片的尺寸放大两倍，效果如图7-31所示。

图 7-31 效果欣赏

下面介绍将AI图片的尺寸放大两倍的操作方法。

步骤 01 新建一个智能画布项目，单击左侧的"上传图片"按钮，如图7-32所示。

步骤 02 执行操作后，弹出"打开"对话框，选择相应的图片素材，如图7-33所示。

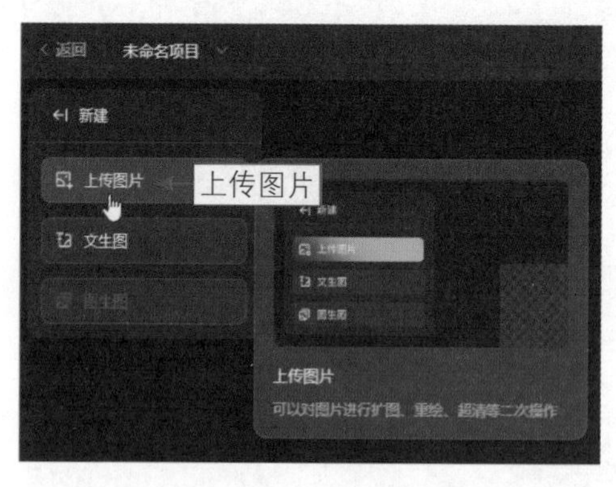

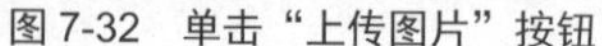

图 7-32 单击"上传图片"按钮

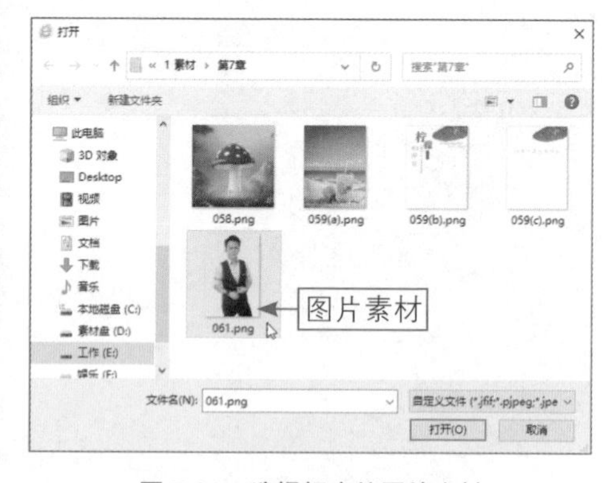

图 7-33 选择相应的图片素材

步骤 03 单击"打开"按钮，即可将图片素材添加到画布上，适当调整图片素材的大小，同时在"图层"面板中会生成"图层1"图层，如图7-34所示。

步骤04 单击上方的分辨率参数（1024×1024），弹出“画板调节”面板，在“画板比例”选项区中选择4：3选项，如图7-35所示。

图 7-34　生成“图层 1”图层

图 7-35　选择 4 ：3 选项

步骤05 单击“应用”按钮，即可将画板调整为4：3比例，如图7-36所示。

步骤06 单击左侧的“文生图”按钮，展开“新建文生图”面板，输入相应的提示词，用于指导AI生成特定的图像，如图7-37所示。

图 7-36　调整画板比例

图 7-37　输入相应的提示词

步骤07 单击“立即生成”按钮，即可生成相应的图像和图层，效果如图7-38所示。

步骤08 在“图层2”图层中，选择第3张图片，切换画布中的图像效果，如图7-39所示。

步骤09 适当调整图像的位置，单击右上角的“导出”按钮，如图7-40所示。

步骤10 执行操作后，弹出“导出设置”面板，设置“格式”为PNG、“尺寸”为2x，表示将图像导出为PNG格式，并将图像的分辨率放大两倍，如图7-41

所示，单击“下载”按钮，即可下载当前画板中的图像。

图 7-38　生成相应的图像和图层

图 7-39　切换画布中的图像效果

图 7-40　单击“导出”按钮

图 7-41　设置“格式”与“尺寸”参数

★ 专家提醒 ★

在默认设置下，智能画布会导出当前工作画板中的所有可视内容，这通常包括所有可见图层的组合效果。导出的图像格式一般为 JPEG 或 PNG，这两种格式因其广泛的兼容性和良好的压缩效果而受到用户的青睐。

7.2　对图片内容进行二次创作

在即梦AI平台中，“智能画布”功能利用AI技术，为用户提供了一个强大且易于使用的图像编辑平台，无论是专业设计师还是普通用户，都能够轻松地通过“智能画布”功能进行创意编辑和图像的二次创作。本节主要介绍对AI图片进行二次创作的技巧。

062　通过局部重绘进行二次创作

扫码看视频

在即梦AI的智能画布编辑页面中，AI技术可以帮助用户对图像的特定部分进行重绘，如改变人物的表情、改变画面中的对象或者替换背景元素等，以实现图片的混合，原图与效果图对比如图7-42所示。

图 7-42　原图与效果图对比

下面介绍通过局部重绘进行二次创作的操作方法。

步骤 01 新建一个智能画布项目，单击左侧的“上传图片”按钮，弹出“打开”对话框，在其中选择需要上传的参考图片，如图7-43所示。

步骤 02 单击“打开”按钮，即可将图片上传至智能画布编辑页面中，在中间的预览窗口中可以查看上传的图片效果，单击页面上方的“局部重绘”按钮，如图7-44所示，可以对上传的图片进行局部重绘操作。

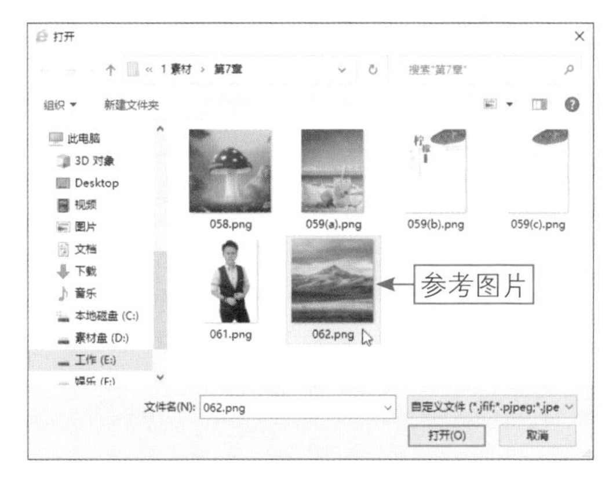

图 7-43　选择需要上传的参考图片

图 7-44　单击“局部重绘”按钮

步骤 03 弹出“局部重绘”对话框，选取画笔工具，如图7-45所示，该工具主要用来涂抹画面中需要重绘的区域。

步骤 04 设置画笔大小为20，如图7-46所示，将画笔调大一点，这样涂抹的区域会大一些。

图 7-45 选取画笔工具

图 7-46 设置画笔大小

步骤 05 将鼠标指针移至图像中需要重绘的区域，按住鼠标左键并拖曳，进行适当涂抹，涂抹过的区域呈淡青色显示，如图7-47所示。

步骤 06 在下方的文本框中，输入相应的提示词，描述需要重新生成的图片内容，单击“立即生成”按钮，如图7-48所示。

图 7-47 在图像上进行适当涂抹

图 7-48 单击“立即生成”按钮

步骤 07 执行操作后，即可对图像进行局部重绘操作，在中间的预览窗口中可以查看局部重绘效果，如图7-49所示。

步骤 08 在右侧的“图层”面板中，显示了生成的图像，选择第3幅图像缩略图，可以更换局部重绘的效果，如图7-50所示。

图 7-49　查看局部重绘效果

图 7-50　更换局部重绘的效果

步骤 09 在页面的右上角，单击“导出”按钮，弹出“导出设置”面板，在其中设置“格式”为PNG，如图7-51所示，设置导出的AI图片为PNG格式，单击“下载”按钮，即可下载AI图片。

图 7-51　设置“格式”为 PNG

063 通过无损扩图进行二次创作

扫码看视频

在即梦AI的智能画布编辑页面中，用户可以扩展图像的画幅，AI会智能填充新的图像区域，保持原有风格和内容的一致性，原图与效果图对比如图7-52所示。

图 7-52 原图与效果图对比

下面介绍通过无损扩图进行二次创作的操作方法。

步骤 01 新建一个智能画布项目，单击左侧的“上传图片”按钮，弹出“打开”对话框，在其中选择需要上传的参考图片，如图7-53所示。

步骤 02 单击“打开”按钮，即可将图片上传至智能画布编辑页面中，在中间的预览窗口中可以查看上传的图片效果，单击页面上方的“扩图”按钮，如图7-54所示，可以对上传的图片进行无损扩图操作。

图 7-53 选择需要上传的参考图片

图 7-54 单击“扩图”按钮

步骤 03 弹出"扩图"对话框，如图7-55所示，在下方可以设置扩图的比例。

步骤 04 单击图片下方的2x按钮，如图7-56所示，表示对图片进行两倍放大。

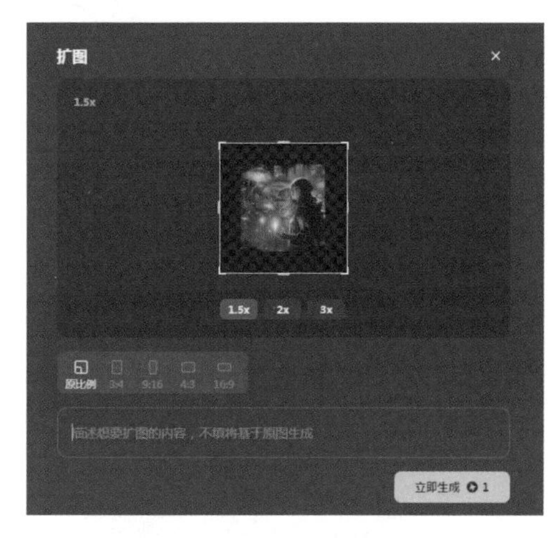

图 7-55　弹出"扩图"对话框

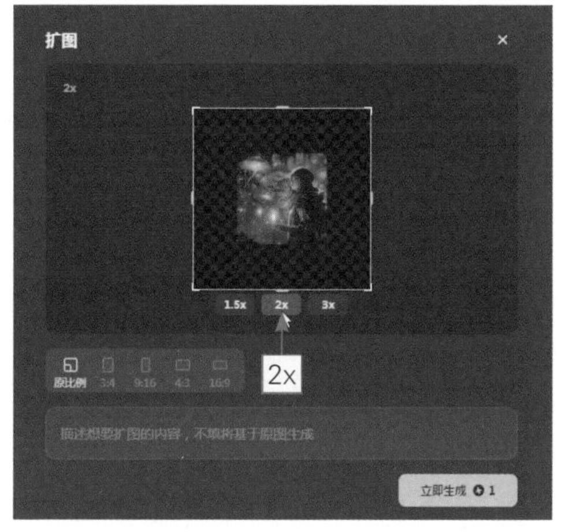

图 7-56　单击图片下方的 2x 按钮

步骤 05 单击"立即生成"按钮，即可对AI图片进行无损扩图操作，效果如图7-57所示。

图 7-57　对 AI 图片进行无损扩图操作

★ 专家提醒 ★

即梦 AI 的智能扩图功能提供了多样化的图像放大选项，用户可以根据实际需要选择 1.5x、2x 或 3x 等不同的扩图倍数。这些选项使得用户在处理图像时拥有更大的灵活性，无论是想要小幅度增加图像尺寸以适应特定的展示需求，还是大幅度提高分辨率以用于高质量的打印输出，都可以精确匹配用户的特定需求。

064 轻松去除图片中的水印元素

扫码看视频

在即梦AI的智能画布编辑页面中，“消除笔”按钮可用于移除或擦除图像中不需要的部分，这个工具利用AI技术，可以智能地识别并消除图像中的特定元素，同时尽量减少对周围区域的影响，原图与效果图对比如图7-58所示。

图7-58 原图与效果图对比

下面介绍轻松去除AI图片中的水印元素的操作方法。

步骤 01 新建一个智能画布项目，单击左侧的“上传图片”按钮，上传一张图片素材，单击“消除笔”按钮（通过该按钮可以消除图片中不需要的细节），如图7-59所示。

图7-59 单击“消除笔”按钮

步骤 02 弹出“消除笔”对话框，选取画笔工具，设置画笔大小为8，如图7-60所示，使画笔的大小符合绘画需求。

步骤 03 将鼠标指针移至图像中需要消除水印的区域，按住鼠标左键并拖曳，进行适当涂抹，涂抹过的区域呈淡青色显示，如图7-61所示。

图 7-60　设置画笔大小为 8

图 7-61　对图像进行适当涂抹

步骤 04 单击“立即生成”按钮，即可去除图片中的水印，效果如图7-62所示。

图 7-62　去除图片中的水印

065　在图片中制作主题文字效果

扫码看视频

使用即梦AI的添加文字工具，用户可以轻松地为图像添加文字效果，丰富视觉表达并提升作品的沟通力，原图与效果图对比如图7-63所示。

图 7-63　原图与效果图对比

下面介绍在图片中制作主题文字效果的操作方法。

步骤 01 新建一个智能画布项目，单击左侧的"上传图片"按钮，弹出"打开"对话框，选择相应的参考图，如图7-64所示。

步骤 02 单击"打开"按钮，即可将参考图添加到画布上，将"画板比例"调整为4：3，与图像尺寸一致，同时在"图层"面板中会生成"图层1"图层，如图7-65所示。

图 7-64　选择相应的参考图

图 7-65　生成"图层 1"图层

步骤 03 在顶部工具栏中，选取添加文字工具T，如图7-66所示。

步骤 04 执行操作后，进入文字编辑状态，输入相应的文字，如图7-67所示。

步骤 05 设置"字号"为14，如图7-68所示，调小文字，并调整文字的位置。

步骤 06 单击"文字颜色"按钮A，在弹出的面板中选择黑色色块，如图7-69所示。

图 7-66　选取添加文字工具

图 7-67　输入相应的文字

图 7-68　设置“字号”参数

图 7-69　选择黑色色块

步骤 07 复制文字图层，并将复制的文字对象移至合适的位置，如图7-70所示。

步骤 08 将复制的文字颜色调整为淡黄色（#ffebbe），形成文字叠加效果，如图7-71所示，单击上方的“粗体”按钮，加粗文字，使效果更加明显。

图 7-70　移至合适位置

图 7-71　形成文字叠加效果

★ 专家提醒 ★

用户可以自由调整文字的格式和排版布局，包括字体、字号、对齐方式、颜色、字距等，以实现最佳的视觉效果。这种高度的自定义能力，使得文字不仅可以传达信息，更成为视觉设计的重要元素。

066 一键智能抠取图像中的元素

扫码看视频

即梦AI的智能抠图是一种高效的图像编辑功能，它利用先进的计算机视觉和机器学习算法，自动识别图像中的特定对象，并将其从背景中分离出来，创建一个透明的图层，同时可以用AI技术来改变图像背景，原图与效果图对比如图7-72所示。

图 7-72　原图与效果图对比

下面介绍一键智能抠取图像中的元素的操作方法。

步骤 01 新建一个智能画布项目，单击左侧的“上传图片”按钮，弹出“打开”对话框，选择相应的参考图，如图7-73所示。

图 7-73　选择相应的参考图

步骤 02 单击“打开”按钮，即可将参考图添加到画布上，同时在“图层”面板中会生成“图层1”图层，如图7-74所示。

步骤 03 选择“图层1”图层，在图像上方的工具栏中单击“抠图”按钮，如图7-75所示。

图 7-74　生成“图层 1”图层

图 7-75　单击“抠图”按钮

步骤 04 执行操作后，弹出“抠图”对话框，系统会自动在主体图像上创建相应的蒙版，如图7-76所示。

图 7-76　创建相应的蒙版

步骤 05 单击“立即生成”按钮，即可自动抠出主体图像，同时背景变为透明的效果，如图7-77所示。

图 7-77　抠出主体图像效果

步骤 06 在左侧的“新建”选项区中，单击“图生图”按钮，展开“新建图生图”面板，输入相应的提示词，用于指导AI生成特定的图像，如图7-78所示。

图 7-78　输入相应的提示词

步骤 07 展开“高级设置”选项区，选中“主体”单选按钮，如图7-79所示，让AI只重绘背景图像。

图 7-79　选中“主体”单选按钮

步骤 08 单击“立即生成”按钮，即可生成相应的背景图像和图层，在“图层2”图层中，可以看到AI同时生成了4张图片，选择相应的图片，如选择第4张图片，可以切换画布上显示的图像效果，如图7-80所示。

图 7-80　切换画布上显示的图像效果

【即梦视频篇】

第 8 章　通过文字生成视频作品

在 AI 时代，艺术创作与技术的结合催生了无数创新形式。本章深入探讨一种新兴的 AI 艺术创新形式——文生视频，它打破了传统的视频制作的界限，能够将文字转化为一场视觉盛宴。在使用即梦 AI 的文生视频功能时，文字不仅仅是叙述的工具，更是创作的起点，是激发 AI 想象力的“催化剂”。

8.1　以文本创作视频效果

在即梦AI平台中，“文本生视频”技术允许用户通过输入文本描述来生成AI视频，用户可以提供场景、动作、人物、情感等文本信息，AI将根据这些描述自动生成相应的视频内容，包括人物、动物、背景、环境和氛围等。本节主要介绍通过文本创作视频效果的操作方法。

067　创作16：9的横幅视频

扫码看视频

横幅视频，通常指的是具有横向宽屏比例的视频，这种格式的视频在视觉上能够提供更宽广的视野和更丰富的场景内容。横幅视频的预设参数主要包括16：9和4：3两种，非常适合展示场景的深度和宽度，适用于叙事性内容，如电影、电视剧和纪录片。横幅视频的比例更符合人眼的视觉习惯，观看时可以减少头部转动，提供更舒适的观看体验。

例如，16：9是人们广泛接受的视频标准，这种比例的横幅视频在各种设备上的兼容性较好，包括电视、电脑、平板和智能手机。如果视频内容是风景或者需要展示宽广视野的场景，横幅视频可能是最佳选择，效果如图8-1所示。

图 8-1　效果欣赏

下面介绍创作16：9的横幅视频的操作方法。

扫码看效果

步骤 01 进入即梦AI的官网首页，在“AI视频”选项区中，单击“视频生成”按钮，如图8-2所示。

步骤 02 执行操作后，进入“视频生成”页面，切换至“文本生视频”选项卡，输入相应的提示词，用于指导AI生成特定的视频，如图8-3所示。

步骤 03 展开“视频设置”选项区，默认选择的是16：9的视频比例，默认“运动速度”为“适中”，如图8-4所示。

图 8-2　单击“视频生成”按钮

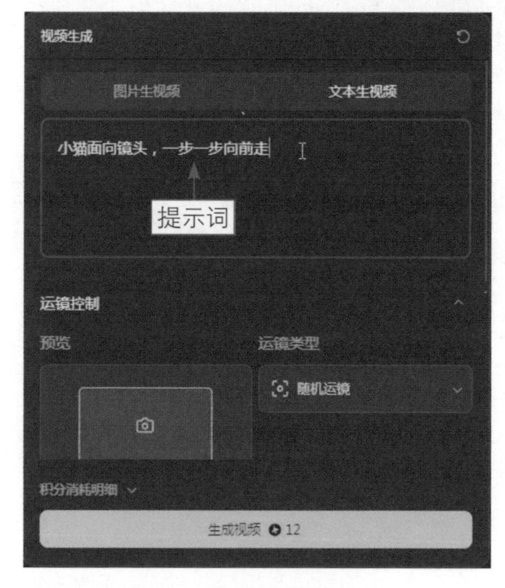

图 8-3　输入相应的提示词

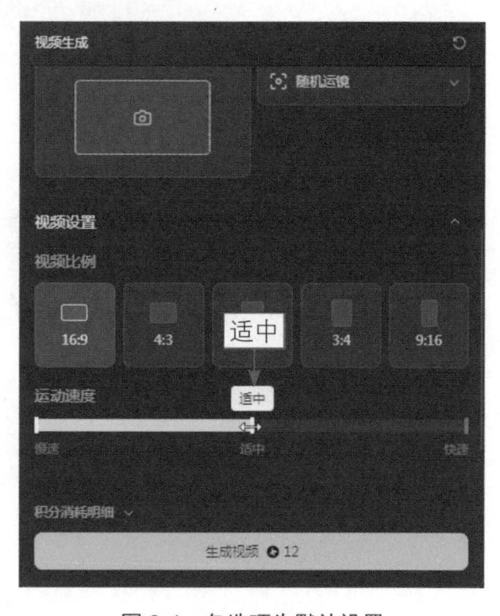

图 8-4　各选项为默认设置

★ 专家提醒 ★

用户在输入了要生成的视频的文字描述之后，可以根据视频内容和目标发布平台的特点，选择合适的视频比例，横幅视频适用于传统的宽屏观看体验。

步骤 04 单击“生成视频”按钮，即可开始生成视频，并显示生成进度，如图8-5所示。

步骤 05 稍等片刻，即可生成相应比例的视频效果，如图8-6所示。

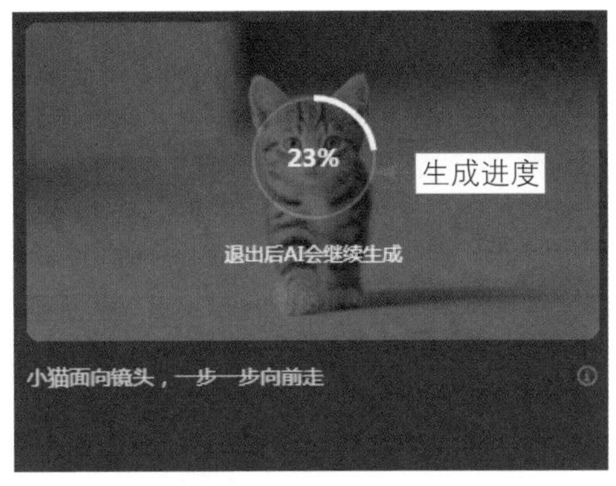

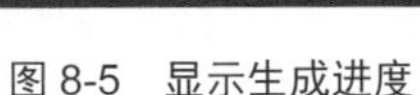
图 8-5　显示生成进度

图 8-6　生成相应的视频效果

068　创作1：1的方幅视频

扫码看视频

扫码看效果

方幅视频的宽度和高度相等，比例为1：1，形成了一个完美的正方形，这种对称性在视觉上非常吸引人。方幅视频的框架限制了画面的宽度，迫使观众的注意力集中在画面中心，有助于突出主题和细节。许多社交媒体平台，如Instagram和TikTok，都支持方幅视频，并且这种格式的视频在这些平台上表现良好。

由于观众的视角更接近画面中心，方幅视频可以创造出一种亲密和个人化的观看体验，效果如图8-7所示。同时，方幅视频非常适合展示产品细节，常用于电子商务和产品营销。例如，使用方幅视频可以很好地展现产品的全貌，让潜在买家能够从各个角度清晰地看到产品的特点。

图 8-7　效果欣赏

★ 专家提醒 ★

从上述视频效果中可以观察到，用户输入的提示词中描述了“一朵荷花慢慢地打开，荷叶随风摇摆”，但生成的视频只展示了荷花在风中摇摆，而没有展示荷花慢慢打开的过程，这可能是AI没有完全理解提示词中“慢慢地打开”这一动作指令，导致无法生成完整的荷花开放过程。在AI的训练数据集中，可能没有足够的荷花开放的视频样本，导致AI无法学习到这一动作，相信随着AI技术的进步，这些问题会逐渐得到解决。

下面介绍创作1：1的方幅视频的操作方法。

步骤 01 进入“视频生成”页面，切换至“文本生视频”选项卡，输入相应的提示词，用于指导AI生成特定的视频，如图8-8所示。

步骤 02 展开“视频设置”选项区，在“视频比例”菜单中选择1：1选项，如图8-9所示，让AI生成方幅视频。

图 8-8 输入相应的提示词

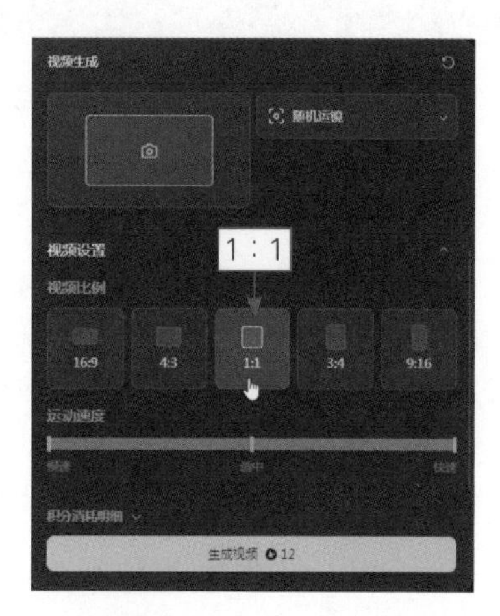

图 8-9 选择 1 ：1 选项

步骤 03 单击“生成视频”按钮，即可开始生成视频，并显示生成进度，如图8-10所示。

步骤 04 稍等片刻，即可生成相应比例的视频效果，如图8-11所示。

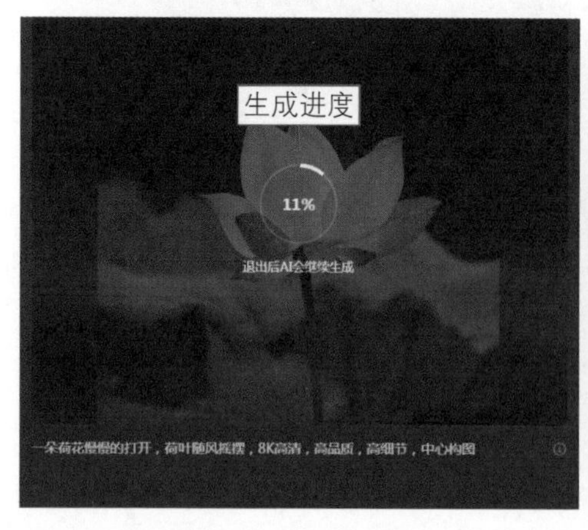

图 8-10 显示生成进度

图 8-11 生成相应的视频效果

069　创作3：4的竖幅视频

扫码看视频

竖幅视频的高度大于宽度，常见的比例有3：4、9：16等，这与传统的横幅视频相反。在智能手机和移动设备上观看竖幅视频更为流行，因为竖幅视频通常要求用户以竖屏模式持握和操作这些设备。使用竖幅视频形式可以很好地展示城市建筑景观，尤其是在展示摩天大楼或高耸的地标性建筑时，不仅能够展示城市建筑的宏伟和美丽，而且还可以呈现出城市的规模和繁华景象，效果如图8-12所示。

图 8-12　效果欣赏

下面介绍创作3：4的竖幅视频的操作方法。

扫码看效果

步骤 01 进入“视频生成”页面，切换至“文本生视频”选项卡，输入相应的提示词，用于指导AI生成特定的视频，如图8-13所示。

步骤 02 展开“视频设置”选项区，在“视频比例”选项区中选择3：4选项，如图8-14所示，让AI生成竖幅视频。

步骤 03 单击“生成视频”按钮，即可开始生成视频，并显示生成进度，如图8-15所示。

步骤 04 稍等片刻，即可生成相应比例的视频效果，如图8-16所示。

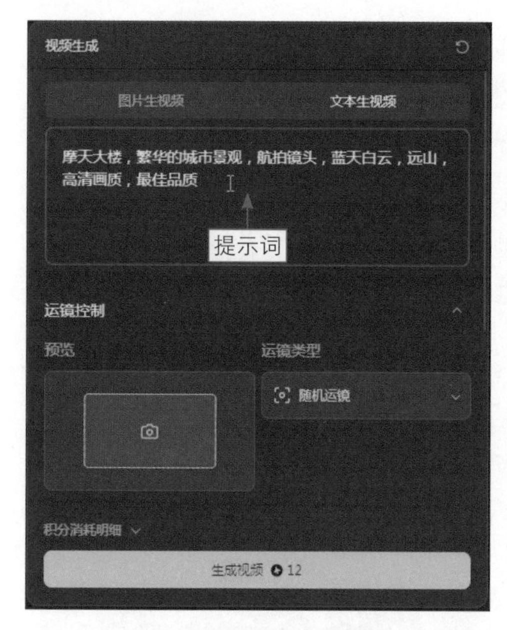

图 8-13　输入相应的提示词

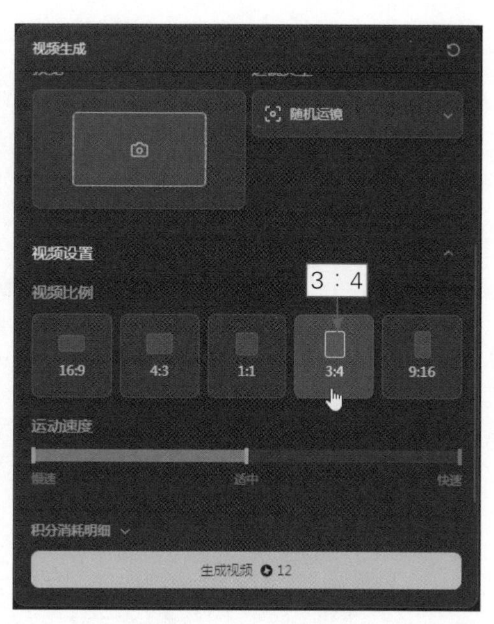

图 8-14　选择 3 ：4 选项

图 8-15　显示生成进度

图 8-16　生成相应的视频效果

070　重新编辑生成的视频

扫码看视频

如果用户对生成的视频画面不满意，可以通过“重新编辑”按钮对视频画面进行重新编辑，修改提示词描述，或者重新设置运镜类型，使生成的视频效果更加符合用户要求，效果如图8-17所示。

图 8-17　效果欣赏

扫码看效果

下面介绍重新编辑生成的视频的操作方法。

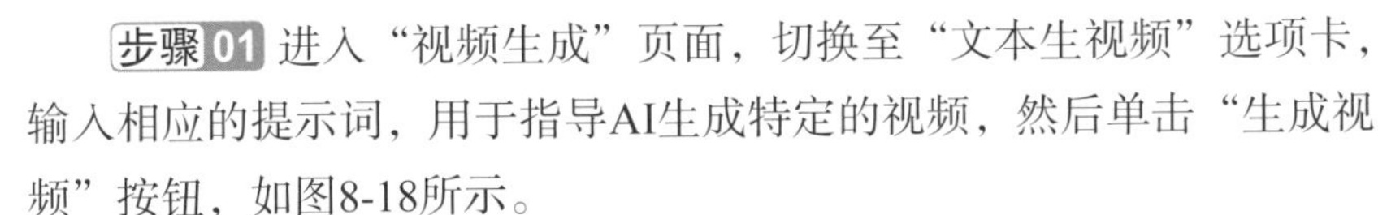

步骤 01 进入“视频生成”页面，切换至“文本生视频”选项卡，输入相应的提示词，用于指导AI生成特定的视频，然后单击“生成视频”按钮，如图8-18所示。

图 8-18　单击“生成视频”按钮

步骤 02 执行操作后，AI开始解析视频描述并转化为视觉元素，页面右侧显示了视频生成进度，如图8-19所示。

步骤 03 待视频生成完成后，显示视频的画面效果，将鼠标指针移至视频画面中，即可自动播放AI视频。如果用户对视频效果不满意，此时可以单击下方的“重新编辑”按钮，如图8-20所示。

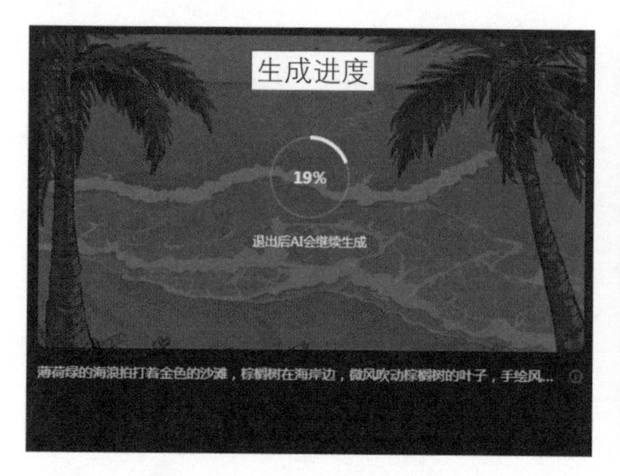

图 8-19 显示了视频生成进度

图 8-20 单击“重新编辑”按钮

★ 专家提醒 ★

在创作和编辑AI视频的过程中，经常会遇到需要对现有视频进行重新制作或调整的情况。无论是为了改进视频质量、修正错误，还是尝试新的创意方向，重新编辑视频都成为一个不可或缺的步骤。

步骤 04 在左侧的“文本生视频”选项卡中，修改相应的提示词内容，如图8-21所示，使生成的视频效果更加符合用户的要求。

步骤 05 展开“视频设置”选项区，在“视频比例”选项区中选择4：3选项，如图8-22所示，让AI生成横幅视频。

步骤 06 单击“生成视频”按钮，此时AI开始解析提示词，并根据提示词重新生成动态的视频，效果如图8-23所示。

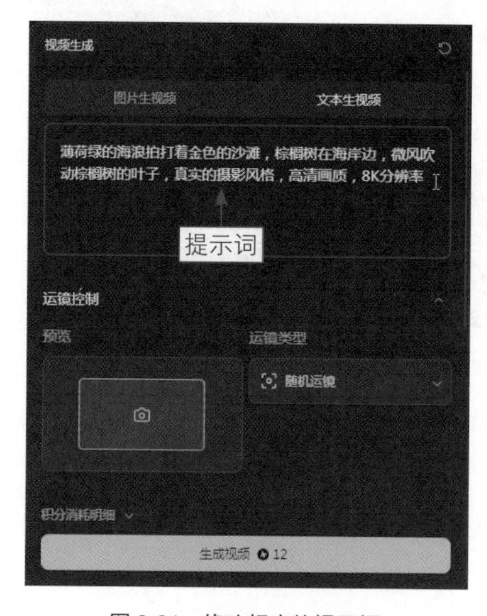

图 8-21 修改相应的提示词

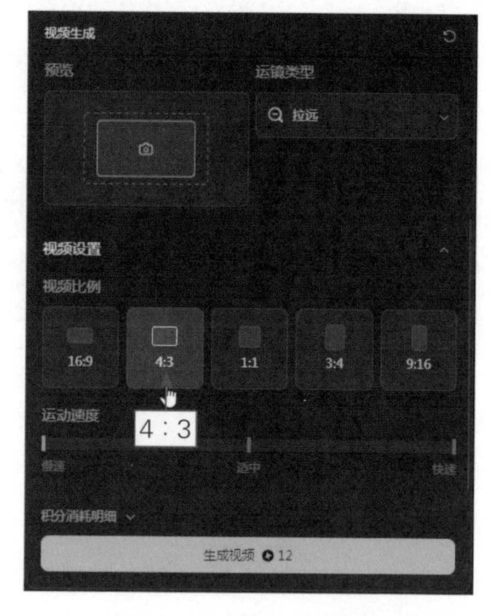

图 8-22 选择 4 ：3 选项

图 8-23　重新生成动态的视频效果

071　将视频的时间延长3秒

扫码看视频

在即梦AI平台中，如果用户需要延长视频的时间，需要订阅即梦AI会员，才能享受更多权益，比如将视频的时间延长3秒，效果如图8-24所示。

图 8-24　效果欣赏

下面介绍将视频的时间延长3秒的操作方法。

扫码看效果

步骤 01 进入“视频生成”页面，切换至“文本生视频”选项卡，输入相应的提示词，用于指导AI生成特定的视频，如图8-25所示。

步骤 02 展开“视频设置”选项区，选择4：3选项，设置视频尺寸，单击“生成视频”按钮，即可生成一段相应的美食视频，单击视频下方的“延长3s”按钮，如图8-26所示。

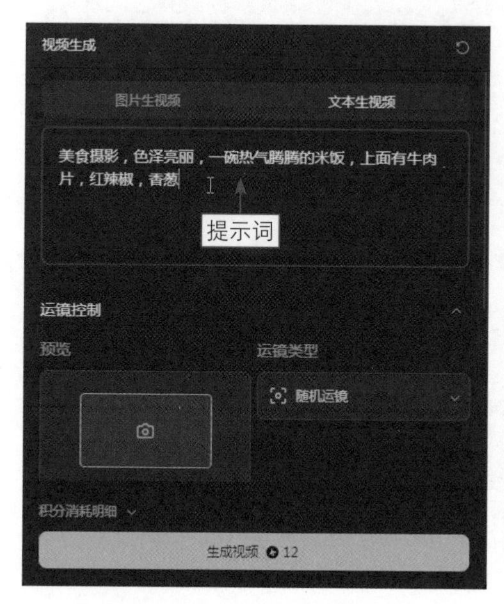

图 8-25 输入相应的提示词

图 8-26 单击“延长 3s”按钮

步骤 03 执行操作后，即可生成6秒的AI视频，并显示视频生成进度，如图8-27所示。

步骤 04 稍等片刻，待视频生成后，将鼠标指针移至视频画面上，即可预览6秒的视频效果，如图8-28所示。

图 8-27 显示视频生成进度

图 8-28 预览 6 秒的视频效果

8.2　打造影视级视频的方法

即梦AI平台的文本生视频功能以其简洁、直观的操作界面和强大的AI算法，为用户提供了一种全新的视频创作体验。不同于传统的视频制作流程，用户无须精通视频编辑软件或拥有专业的视频制作技能，只需通过简单的文字描述，即可激发AI的创造力，生成一段段引人入胜的视频内容。在这个创新的过程中，文字描述扮演着至关重要的角色。用户的文字不仅是视频内容的蓝图，更是AI理解用户意图和创作方向的关键。文字描述的准确性、创造性和情感表达，直接影响着最终视频的质量和感染力。

本节主要介绍打造影视级视频的方法，用户在输入提示词时，应该尽量清晰、具体，同时富有想象力，以引导AI创造出符合预期的视频效果。

072　描述主体的细节特征

扫码看视频

在创作视频时，每个场景都是一个独立的故事，由一个或多个核心元素——即主体来驱动。主体和主题是相互依存的，一个有力的主体可以帮助表达和强化主题，而一个深刻的主题可以提升主体的表现力。

主体不仅能够为视频注入灵魂，还为观众提供了视觉焦点和情感共鸣的源泉。表8-1所示为常见的视频主体（或主题）示例。

表 8-1　常见的视频主体（或主题）示例

类　别	视频主体（或主题）示例
人物	名人、模特、演员、公众人物
动物	宠物（猫、狗）、野生动物、地区标志性动物
自然景观	山脉、海滩、森林、瀑布
城市风光	城市天际线、地标建筑、街道、广场
交通工具	汽车、飞机、火车、自行车、船只
食物和饮料	美食制作过程、餐厅美食、饮料调制
产品展示	电子产品、时尚服饰、化妆品、家居用品
教育内容	教学视频、讲座、实验演示、技能培训
娱乐和幽默	搞笑短片、喜剧表演、魔术表演
运动和健身	体育赛事、健身教程、运动员训练

续表

类　　别	视频主体（或主题）示例
音乐和舞蹈	音乐视频、现场演出、舞蹈表演
艺术和文化	艺术作品展示、文化节庆、历史遗迹介绍
游戏和电子竞技	电子游戏玩法、电子竞技比赛、游戏评测
抽象和概念	表达抽象概念的视觉元素
商业和广告	商业宣传、广告、品牌推广
幕后制作	电影、电视节目、音乐视频的制作过程
旅行和探险	旅行日志、探险活动、文化体验

上述这些主体（或主题）不仅可以丰富视频的内容，也为用户提供了广阔的创作空间。通过巧妙地结合这些主体（或主题），用户可以构建出多样化的视频场景，讲述各种引人入胜的故事，满足不同观众的期待和喜好。

例如，下面这段AI视频的主体是一匹骏马，展现了骏马光滑而有光泽的栗色皮毛、肌肉线条，以及周围郁郁葱葱的绿草和树木，效果如图8-29所示。

扫码看效果

图 8-29　效果欣赏

下面介绍通过描述主体部分来生成视频的操作方法。

步骤 01 进入“视频生成”页面，切换至“文本生视频”选项卡，输入相应的提示词，对主体的细节特征进行详细描述，用于指导AI生成特定的视频，如图8-30所示。

图 8-30　输入相应的提示词

步骤 02 单击“生成视频”按钮，即可开始生成视频，并显示生成进度，如图8-31所示。

步骤 03 稍等片刻，即可生成相应的视频，单击视频预览窗口右下角的全屏预览按钮，如图8-32所示，即可全屏预览视频。

图 8-31　显示生成进度

图 8-32　单击相应的按钮

步骤 04 单击视频预览窗口右下角的“收藏”按钮，如图8-33所示，即可收藏视频。

步骤 05 单击视频预览窗口右下角的“下载”按钮，如图8-34所示，即可下载视频。

图 8-33　单击“收藏”按钮

图 8-34　单击“下载”按钮

★ 专家提醒 ★

需要注意的是，普通用户下载的视频会带有即梦 AI 的文字水印，用户可以开通即梦会员，下载无水印的视频。

073　打造生动的视频场景

扫码看视频

扫码看效果

在用AI生成视频的提示词中，用户可以详细地描绘一个特定的场景，这不仅包括场景的物理环境，还涵盖了情感氛围、色彩调性、光线效果及动态元素。通过精心设计的提示词，AI能够生成与用户构想相匹配的视频内容。

例如，在下面这段AI视频中，主体是“玉山”，同时还用到了很多有关场景设置的提示词，如“鲜花盛开”“云海纵横”“金色的光线穿过群山”，效果如图8-35所示。

图 8-35　效果欣赏

★ 专家提醒 ★

通过精心构思的提示词，AI 能够理解并实现用户想要表达的故事和视觉效果，同时生成相应的视频。提示词可以涵盖场景的细节、角色的特征、情感的基调及视觉风格等多个方面，确保 AI 能够精确捕捉用户的创作意图。

下面介绍通过描述场景来生成视频的操作方法。

步骤 01 进入“视频生成”页面，切换至“文本生视频”选项卡，输入相应的提示词，对视频场景进行详细的描述，用于指导AI生成特定的视频，如图8-36所示。

图 8-36　输入相应的提示词

步骤 02 展开“视频设置”选项区，选择4：3选项，设置视频尺寸，单击“生成视频”按钮，即可开始生成视频，并显示生成进度，如图8-37所示。

步骤 03 稍等片刻，即可生成相应的视频，同时可以单击视频上方的“满意”按钮或“不满意”按钮，根据自己的满意度进行反馈，如图8-38所示。

图 8-37　显示生成进度

图 8-38　对视频效果进行反馈

074 指定视频的视觉细节

扫码看视频

在利用AI生成视频的过程中，提示词是引导AI理解和创作视频内容的关键。精心构建的提示词至关重要，它们能够为AI提供丰富的信息，帮助其精确捕捉并重现用户心中的场景、人物或物体。表8-2所示为一些可以包含在提示词中的视觉细节。

表 8-2 提示词中的视觉细节

类　别	视觉细节示例	
场景特征细节	环境背景	可以是宁静的海滩、繁忙的都市街道、古老的城堡内部或遥远的外星世界
	色彩氛围	描述场景的整体色彩，如温暖的日落色调、冷冽的冬季蓝或充满活力的春天绿
	光线条件	光线可以是柔和的晨光、刺眼的正午阳光或昏暗的室内灯光
人物特征细节	外观描述	包括人物的发型、服装风格、面部特征等
	表情细节	人物的表情可以是快乐、悲伤、惊讶或深思的，这些表情将影响人物的情感传达
	动作特点	人物的动作可以是优雅的舞蹈、紧张的奔跑或平静的站立等
物体特征细节	形状和大小	物体的形状可以是圆形、方形或不规则的形状，物体的大小可以是小巧精致的或庞大壮观的
	颜色和纹理	物体的颜色可以是鲜艳夺目的或柔和淡雅的，纹理可以是光滑、粗糙或有特殊图案的
	功能和用途	描述物体的功能，如一辆奔驰的赛车、一件实用的工具或一件装饰艺术品等
动态元素细节	运动轨迹	物体或人物的运动轨迹，如直线移动、曲线旋转或不规则跳跃
	速度变化	运动的速度，如快速、缓慢或有节奏的加速和减速

通过这些详细的视觉细节提示词，AI能够生成符合用户期望的视频内容，不仅在视觉上吸引人，而且在情感上与观众产生共鸣。这种高度定制化的视频创作方式，使得AI成为一个强大的创意工具，适用于各种视频制作需求。

例如，在下面这段AI视频中，展现了“美丽的山区”“金盏花田”“色彩艳丽”“蓝天白云”等大量视觉细节元素，呈现出一个和谐而生动的自然与人文景观效果，如图8-39所示。

扫码看效果

图 8-39　效果欣赏

下面介绍通过描述视觉细节来生成视频的操作方法。

步骤 01 进入“视频生成”页面，切换至“文本生视频”选项卡，输入相应的提示词，用于指导AI生成特定的视频，如图8-40所示。

图 8-40　输入相应的提示词

步骤 02 单击“生成视频”按钮，即可开始生成视频，并显示生成进度，如图8-41所示。

步骤 03 稍等片刻，即可生成相应的视频效果，同时可以单击视频右下角的“详细信息”按钮ⓘ，查看该视频的提示词，如图8-42所示。

图 8-41 显示生成进度

图 8-42 查看视频的提示词

075 添加主体的动作和情感

扫码看视频

在用于生成AI视频的提示词中，详细描述人物、动物或物体的动作和活动是至关重要的，因为这些动态元素能够为视频场景注入生命力，创造出引人入胜的故事。

在创作AI视频的过程里，提示词就像是一位导演，指导着场景中每一个动作和活动的展开。下面是一些可以包含在提示词中的动作和情感描述，用于丰富视频内容并增强动态感，如表8-3所示。

表 8-3 提示词中的动作和情感描述

类　别	动作和情感描述示例	
人物动作	行走	人物在繁忙的街道上快步行走，或者在宁静的森林小径上悠闲地漫步
	踏雪	在冬日的雪地中，人物的每一步都留下深深的足迹，呼出的气息在冷空气中形成白雾
	探索	人物以好奇的眼光观察周围的环境，或者在未知的领域中小心翼翼地前行
动物活动	奔跑	野生动物在广阔的草原上自由奔跑，展示它们的速度和力量
	觅食	鸟类在森林中轻巧地跳跃，寻找食物，或者鱼儿在水中灵活地游动觅食
	嬉戏	海豚在海浪中欢快地跳跃，或者小狗在草地上追逐
物体动态	拍打海浪	海浪不断拍打着岸边的岩石，发出响亮且节奏感强烈的声响
	旋转	山顶的风车在微风中缓缓旋转，或者摩天轮在夜幕下闪烁着灯光
	飘动	旗帜在风中飘扬，或者落叶在秋风中缓缓飘落

续表

类　别	动作和情感描述示例	
特定活动	跳舞	人物在舞会上随着音乐的节奏优雅起舞，或者在街头随着节拍自由舞动
	运动	运动员在赛场上挥洒汗水，进行激烈的比赛，或者在健身房中进行力量训练
	工作	工匠在工作室中精心制作艺术品，或者农民在田野里辛勤耕作
情感表达	欢笑	孩子们在游乐场欢笑玩耍，或者朋友们在聚会中开心交谈
	沉思	人物在安静的图书馆内沉思阅读，或者在夜晚的阳台上凝望星空
情感氛围	情感基调	视频传达的情感可以是温馨、紧张、神秘或激励人心的
	氛围营造	通过音乐、声音效果和视觉元素共同营造特定的氛围
环境互动	与自然互动	人物在花园中与蝴蝶共舞，或者在山涧中与溪水嬉戏
	与城市互动	人物在城市中穿梭，与不同的建筑和环境互动，体验城市的活力

通过这些详细的动作和活动描述，AI能够生成具有丰富动态元素的视频，让观众感受到场景的活力和情感。这样的视频不仅仅是视觉上的享受，更能引起情感上的共鸣，能够讲述一个个生动而真实的故事。通过这种描述方式，AI能够为用户提供一个高度动态和情感丰富的视频创作体验，无论是用于讲述故事、记录生活还是展示产品，都能够创造出具有吸引力和感染力的视频作品。

例如，在下面这段AI视频中，树叶随风舞动的动态场景，与充满生机的春色相结合，营造出了一种小清新的氛围，如图8-43所示。

扫码看效果

图 8-43　效果欣赏

下面介绍通过描述动作与情感来生成视频的操作方法。

步骤 01 进入“视频生成”页面，切换至“文本生视频”选项卡，输入相应的提示词，用于指导AI生成特定的视频，如图8-44所示。

图 8-44 输入相应的提示词

★ 专家提醒 ★

在生成AI视频的提示词中，可以加入对情感氛围的描述，如浪漫、神秘、紧张或宁静，这有助于AI在视频的色调选择上做出相应的调整。色彩在视频中起着至关重要的作用，提示词可以指定主要的色彩方案，如暖色调的日落场景或冷色调的冬夜城市。光线可以极大地影响视频给人的观感，提示词可以指导AI使用特定的光线效果。例如，用逆光突出轮廓，或者用侧光增加深度和质感。

视频场景中的动态元素，如行走的人群、飘动的旗帜或飞翔的鸟群，都可以通过提示词来设定，以增加视频的活力和真实感。不过，如果描述的细节太多，AI可能会忽略某些元素，如上面的视频中就并没有出现“树叶在空中旋转、飘舞的优雅姿态”这个场景。另外，提示词还可以包含叙事元素，如场景中发生的事件、角色之间的对话或特定的情节发展，这些都是构建视频叙事结构的关键。

步骤 02 单击“生成视频”按钮，即可开始生成视频，并显示生成进度，如图8-45所示。

步骤 03 稍等片刻，即可生成相应的视频，单击播放按钮▶，或者将鼠标指针移至视频预览窗口中，即可播放视频，如图8-46所示。

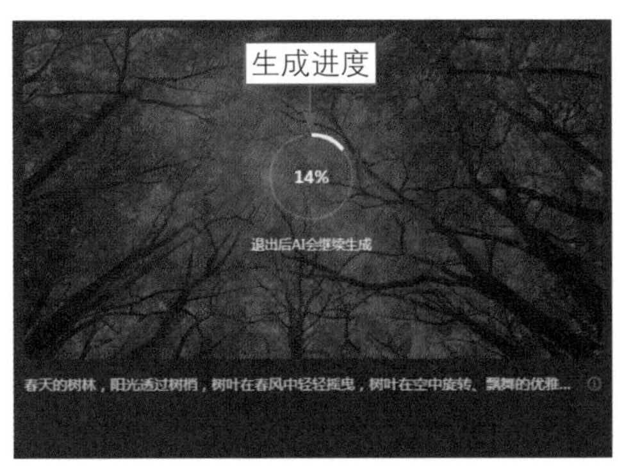

图 8-45　显示生成进度

图 8-46　播放视频效果

076　增强视频效果的技术与风格

扫码看视频

在生成AI视频的过程中，提示词不仅定义了视频的内容和主题，还决定了视频的技术和风格，从而影响最终的视觉呈现和观众的感受。在生成AI视频的提示词中，用户可以细致地指定各种摄影视角和技巧，这些选择将极大地增强场景的吸引力和视觉冲击力。下面是一些可以用于增强视频吸引力的技术和风格提示词，如表8-4所示。

表 8-4　技术和风格提示词

类别	动作和情感描述示例	
摄影视角和技巧	低相机视角	通过将相机置于低处，创造出宏伟壮观的视觉效果，强调主体的高大和力量
	无人机拍摄	利用无人机从空中捕捉场景，提供宽阔的视角和令人震撼的航拍画面
	广角拍摄	使用广角镜头捕捉更广阔的视野，增加场景的深度和空间感
	高动态范围	通过 HDR（High Dynamic Range）技术，增强画面的明暗细节，使色彩更加丰富，对比更加鲜明
分辨率和帧率	高分辨率	指定视频的分辨率，如 4K 或 8K，以确保图像的极致清晰度和细节表现力
	高帧率	设定视频的帧率，如 60 帧每秒或更高，以获得流畅的动态效果，特别适合动作场面和需要慢动作回放的场景
摄影技术	创意摄影	采用创意摄影技术，比如使用慢动作来强调情感瞬间，或者通过延时摄影来展示时间的流逝
	全景拍摄	利用 360 度全景拍摄技术，为观众提供沉浸式的视频体验，尤其适用于自然景观和大型活动
	运动跟踪	使用运动跟踪摄影技术，捕捉快速移动物体的清晰画面，适用于体育赛事或动作场景
	景深控制	通过控制景深，创造出不同的视觉效果，如浅景深突出主体、大景深展现环境

续表

类别	动作和情感描述示例	
艺术风格	3D与现实结合	融合三维（Three Dimensional，3D）动画和实景拍摄，创造出既真实又梦幻的视觉效果
	35毫米胶片拍摄	模仿传统35毫米胶片的质感和色彩，为视频带来复古和文艺的气息
	动画	采用动画技术，如二维（Two Dimensional，2D）或3D动画，为视频增添无限的想象空间和创意表达
特效风格	电影风格	应用电影级别的色彩分级和调色，使视频具有专业和戏剧性的外观
	抽象艺术	使用抽象的视觉元素和动态效果，创造出引人入胜的艺术作品
	未来主义	通过前卫的特效和设计，展现未来世界的科技感和创新精神
后期处理	色彩校正	进行专业的色彩校正，以确保视频色彩的真实性和视觉冲击力，增强情感表达
	特效添加	根据视频内容和风格，添加适当的视觉特效，如粒子效果、镜头光晕或动态背景，以增强视觉效果
	节奏控制	根据视频的节奏和情感变化，运用剪辑技巧，如跳切、交叉剪辑或慢动作重放，以增强叙事动力

通过这些详细的技术和风格提示词，AI能够生成具有高度创意和专业水准的视频内容，满足用户的艺术愿景，并为观众带来引人入胜的视觉体验。例如，在下面这段AI视频中，通过多种摄影技术和创意手法，如“延时摄影”“广角拍摄”“全景拍摄”“镜头光晕”等，展现了草原的自然之美和时间的流逝，效果如图8-47所示。

图8-47 效果欣赏

下面介绍通过描述技术和风格来生成视频的操作方法。

扫码看效果

步骤01 进入“视频生成”页面，切换至“文本生视频”选项卡，输入相应的提示词，用于指导AI生成特定的视频，如图8-48所示。

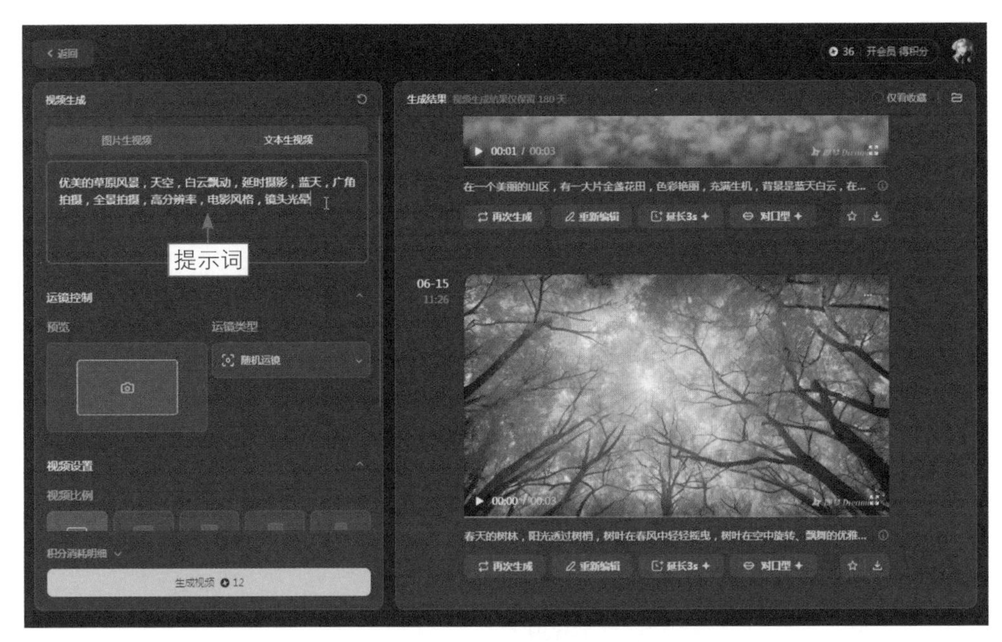

图 8-48　输入相应的提示词

步骤 02 单击“生成视频”按钮，即可开始生成视频，并显示生成进度，如图8-49所示。

步骤 03 稍等片刻，即可生成相应的视频，单击“重新编辑”按钮，如图8-50所示，可以对提示词和生成参数进行修改，从而生成更符合用户期望的视频效果。

图 8-49　显示生成进度

图 8-50　单击“重新编辑”按钮

第 9 章　通过参考图生成视频作品

在数字媒体和内容创作领域，AI 视频生成技术正以其革命性的力量，改变着人们对视觉叙事的理解。本章将深入探讨即梦 AI 的图生视频功能，将向大家展示如何利用人工智能技术，将静态图像转化为生动的视频内容。

9.1　上传图片生成视频效果

在利用AI通过图片生成视频领域，将静态图像转化为动态视频的艺术正变得日益丰富和容易。随着人工智能技术的飞速发展，现在有多种方法可以实现这一创造性的转换。本节主要介绍即梦AI平台上的3种图生视频方式：单图快速实现图生视频、图文结合实现图生视频及使用首帧尾帧实现图生视频。

077　通过图片快速生成视频

扫码看视频

单图快速实现图生视频是一种高效的AI视频生成技术，它允许用户仅通过一张静态图片迅速生成视频。这种方法非常适合需要快速制作动态视觉效果的场合，无论是社交媒体上的短视频，还是在线广告的快速展示，都能轻松实现。

例如，下面是根据一张小狗图片生成的一个流畅的AI视频，其中小狗在花丛中吐着舌头向前张望，画面生动有趣，效果如图9-1所示。

图9-1　效果欣赏

扫码看效果

下面介绍通过图片快速生成视频的操作方法。

步骤 01 进入“视频生成”页面，默认显示“图片生视频”选项卡，单击“上传图片”按钮，如图9-2所示。

步骤 02 执行操作后，弹出“打开”对话框，选择相应的参考图，如图9-3所示。

步骤 03 单击“打开”按钮，即可上传参考图，如图9-4所示。

步骤 04 单击“生成视频”按钮，即可开始生成视频，并显示生成进度，稍等片刻，即可生成相应的视频，效果如图9-5所示。

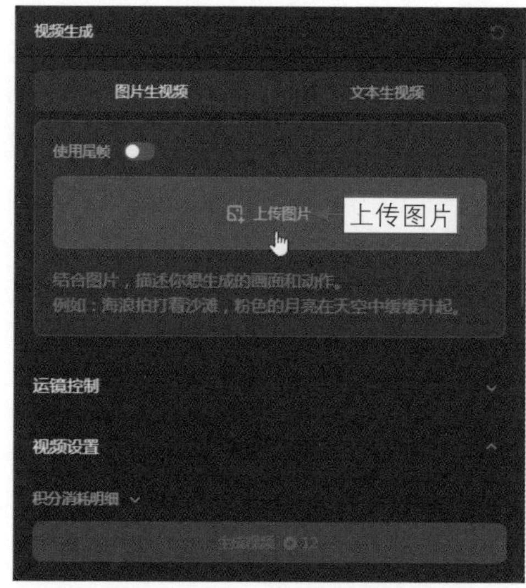

图 9-2 单击“上传图片”按钮

图 9-3 选择相应的参考图

图 9-4 上传参考图

图 9-5 生成相应的视频

078 通过图文结合生成视频

扫码看视频

图文结合实现图生视频是一种更为综合的创作方式，它不仅利用了图像的视觉元素，还结合了文字描述来增强视频的叙事性和表现力。这种方法为用户提供了更大的创作自由度，使用户能够通过文字引导AI生成更加丰富和个性化的视频内容，效果如图9-6所示。

图 9-6　效果欣赏

扫码看效果

下面介绍通过图文结合生成视频的操作方法。

步骤 01 进入“视频生成”页面，显示“图片生视频”选项卡，单击“上传图片”按钮，弹出“打开”对话框，选择相应的参考图，如图9-7所示。

步骤 02 单击“打开”按钮，即可上传参考图，输入相应的提示词，用于指导AI生成特定的视频，如图9-8所示。

步骤 03 单击“生成视频”按钮，即可开始生成视频，并显示生成进度，如图9-9所示。

步骤 04 稍等片刻，即可生成相应的视频，效果如图9-10所示。

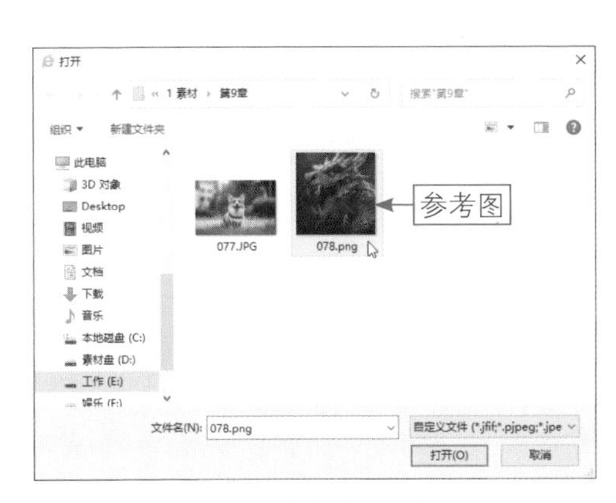

图 9-7　选择相应的参考图

图 9-8　输入相应的提示词

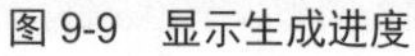
图 9-9　显示生成进度

图 9-10　生成相应的视频

079　通过首帧尾帧生成视频

扫码看视频

使用首帧尾帧实现图生视频是一种高级技术，它通过定义视频的起始帧（即首帧）和结束帧（即尾帧），让AI在两者之间生成平滑的过渡和动态效果。这种方法为用户提供了精细控制视频动态过程的能力，尤其适合制作复杂的视频，效果如图9-11所示。

图 9-11　效果欣赏

下面介绍通过首帧尾帧生成视频的操作方法。

扫码看效果

步骤 01 进入“视频生成”页面，显示“图片生视频”选项卡，单击“上传图片”按钮，弹出“打开”对话框，选择相应的参考图，如图9-12所示。

步骤 02 单击“打开”按钮，即可上传参考图，如图9-13所示，作为AI视频的起始帧。

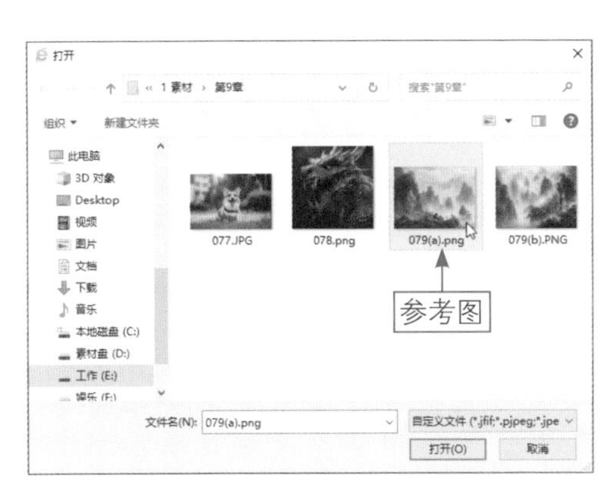

图 9-12　选择相应的参考图

图 9-13　上传参考图

步骤 03 开启“使用尾帧”功能，如图9-14所示，该功能允许用户精确定义视频结束时的确切画面，对视频最终视觉效果进行完全控制。

步骤 04 单击“上传尾帧图片”按钮，如图9-15所示，上传一张参考图，作为AI视频的结束帧。

图 9-14　开启“使用尾帧”功能

图 9-15　单击“上传尾帧图片”按钮

★ 专家提醒 ★

在即梦AI平台中，尾帧可以与首帧配合使用，让AI自动生成中间帧，从而简化视频动画的制作流程。同时，使用尾帧可以创建平滑的过渡效果，比如物体从画面的一侧移动到另一侧，或者场景的变化。

另外，在叙述故事的视频内容中，尾帧可以用来设置一个戏剧性的结尾，为故事提供一个强烈的视觉冲击。在视觉效果密集的视频项目中，尾帧还可以帮助实现复杂的视觉变化，如爆炸、烟雾消散等。

步骤 05 输入相应的提示词，用于指导AI生成特定的视频，如图9-16所示。

步骤 06 单击“生成视频”按钮，即可开始生成视频，并显示生成进度，稍等片刻，即可生成相应的视频，效果如图9-17所示。

图 9-16 输入相应的提示词

图 9-17 生成相应的视频

9.2 编辑与设置视频的属性

即梦AI平台提供了一系列工具和功能，使用户能够轻松地编辑和生成专业级别的视频。本节主要介绍编辑与设置视频属性的方法，具体内容包括设置视频的运镜方式、再次生成视频、设置视频画布的运动速度等。

080 设置随机运镜方式

扫码看视频

随机运镜是指在拍摄视频或制作视频过程中，镜头的运动不是按照预先设定的路径或模式进行的，而是根据一定的概率或随机性原则来决定镜头的方向、速度和类型的。随机运镜可以为视频增添一种不可预测性和自然感，有时也用来模拟真实世界中人们视线的自然移动或反应，效果如图 9-18 所示。

图 9-18　效果欣赏

扫码看效果

下面介绍设置随机运镜方式的操作方法。

步骤 01 进入“视频生成”页面，显示“图片生视频”选项卡，单击“上传图片”按钮，弹出“打开”对话框，选择相应的参考图，如图9-19所示。

步骤 02 单击“打开”按钮，即可上传参考图，输入相应的提示词，用于指导AI生成特定的视频，如图9-20所示。

图 9-19　选择相应的参考图

图 9-20　输入相应的提示词

步骤 03 展开“运镜控制”选项区，在“运镜类型”下拉列表中选择“随机运镜”选项，如图9-21所示，使视频生成随机运镜效果。

步骤 04 单击“生成视频”按钮，即可开始生成视频，并显示生成进度，稍等片刻，即可生成相应的视频，效果如图9-22所示。

图 9-21 选择“随机运镜”选项

图 9-22 生成相应的视频

★ 专家提醒 ★

随机运镜为用户提供了更大的创造性空间，他们可以利用这种技术创造出独特的视觉效果。由于镜头运动的随机性，观众无法预测下一个镜头将会如何变化，这可以增加观看的悬念和兴趣。在某些情况下，随机运镜可以更好地模拟现实世界中人们观察事物的方式，因为人类的注意力转移往往是随机和无规律的。

081 设置推近运镜方式

扫码看视频

扫码看效果

推近运镜是一种在视频制作中广泛使用的技巧，它通过将镜头逐渐向被摄对象靠近，使得画面的取景范围逐渐缩小，对象在画面中逐渐放大。推近运镜能够引导观众的视线，从宽阔的场景聚焦到特定的细节或人物上，让观众更深入地感受到角色的内心世界，同时增强情感氛围的表现力，效果如图9-23所示。

图 9-23 效果欣赏

★ 专家提醒 ★

推近运镜通过逐步缩小画面的取景范围，将观众的注意力集中到画面中的主体上。随着次要元素逐渐移出画面，主要对象逐渐占据视觉中心，从而突出了主体人物或重点形象。这种形式上的接近不仅能够引导观众的视线，还可以通过画面结构的中心位置，给予观众一个鲜明的视觉印象。

下面介绍置推近运镜方式的操作方法。

步骤 01 进入“视频生成”页面，显示“图片生视频”选项卡，单击“上传图片”按钮，弹出“打开”对话框，选择相应的参考图，如图9-24所示。

步骤 02 单击“打开”按钮，即可上传参考图，输入相应的提示词，用于指导AI生成特定的视频，如图9-25所示。

图 9-24　选择相应的参考图

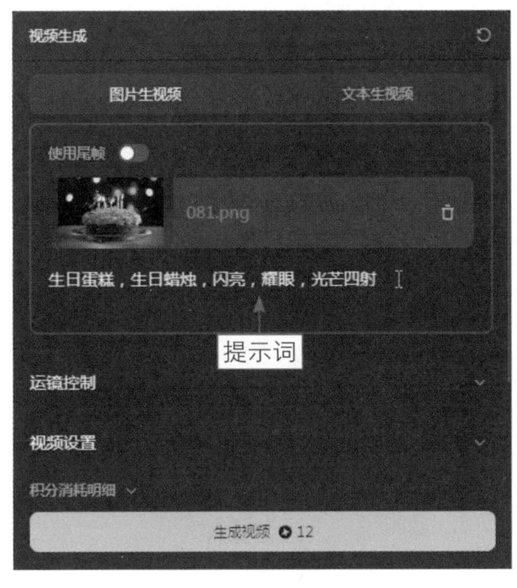

图 9-25　输入相应的提示词

步骤 03 展开“运镜控制”选项区，在“运镜类型”下拉列表中选择“推近”选项，如图9-26所示，使镜头逐渐靠近被摄对象。

步骤 04 单击“生成视频”按钮，即可开始生成视频，并显示生成进度，稍等片刻，即可生成相应的视频，效果如图9-27所示。

★ 专家提醒 ★

推近运镜能够从较大的画面范围开始，逐渐聚焦到某个细节，通过这种视觉变化引导观众注意到这一细节。推近运镜弥补了单一特写画面的不足，使观众能够看到整体与细节的关系。另外，推近运镜还能够在一个连续的镜头中实现景别的不断变化，保持了画面时空的统一和连贯性，避免了蒙太奇组接可能带来的画面时空转换的断裂感。

图 9-26　选择“推近”选项

图 9-27　生成相应的视频

082　设置拉远运镜方式

扫码看视频

扫码看效果

拉远运镜是指镜头逐渐远离被摄对象，或者通过改变镜头焦距来增加与被摄对象的距离，从而在视觉上创造出一种从主体向背景或环境扩展的效果。拉远运镜可以让镜头形成视觉上的后移效果，帮助观众理解主体与环境之间的关系，效果如图9-28所示。

图 9-28　效果欣赏

下面介绍使用拉远运镜方式生成视频的操作方法。

步骤01 进入“视频生成”页面，显示“图片生视频”选项卡，单击“上传图片”按钮，弹出“打开”对话框，选择相应的参考图，如图9-29所示。

步骤02 单击“打开”按钮，即可上传参考图，输入相应的提示词，用于指导AI生成特定的视频，如图9-30所示。

图 9-29　选择相应的参考图

图 9-30　输入相应的提示词

★ 专家提醒 ★

拉远运镜有助于展示主体周围的环境，使环境由小变大，让观众看到更广阔的场景。通过拉远运镜，可以更好地表现主体与其所在环境的空间关系，有助于观众对场景空间的感知。拉远运镜还可以产生特定的情感反应，如距离感或孤独感，这取决于场景的内容。

步骤03 展开“运镜控制”选项区，在“运镜类型”下拉列表中选择“拉远”选项，如图9-31所示，使镜头逐渐远离被摄对象。

步骤04 单击“生成视频”按钮，即可开始生成视频，并显示生成进度，稍等片刻，即可生成相应的视频，效果如图9-32所示。

★ 专家提醒 ★

拉远运镜是一种非常灵活的视频拍摄手法，能够根据导演的创作意图和故事叙述的需要，创造出丰富的视觉效果和情感表达。拉远运镜还可以用作转换场景的手段，通过拉出当前场景，进入另一个完全不同的环境或时间点。另外，拉远运镜常被当作结束性和结论性的镜头，为场景或故事段落提供一个总结性的视觉效果。

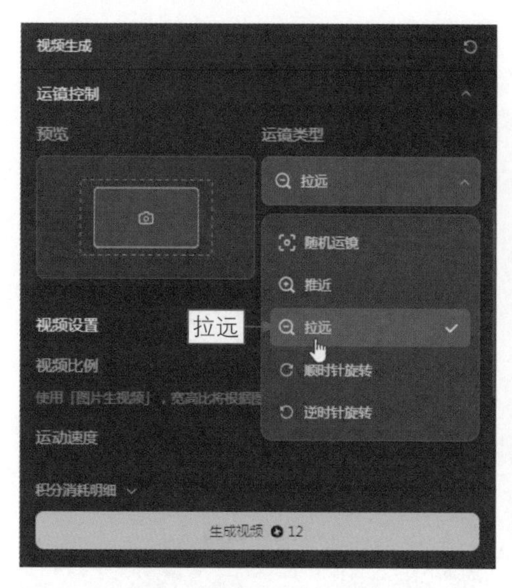

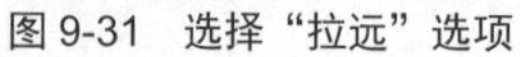

图 9-31　选择“拉远”选项

图 9-32　生成相应的视频

083　再次生成视频

扫码看视频

扫码看效果

在创作和编辑的AI视频过程中，人们时常会遇到需要对现有视频进行重新制作或调整的情况。无论是为了改进视频质量、修正错误，还是尝试新的创意方向，再次生成视频都成了一个不可或缺的过程。利用即梦AI的“再次生成”功能，可以满足用户对视频内容的高标准和个性化需求，效果如图9-33所示。

图 9-33　效果欣赏

下面介绍再次生成视频的操作方法。

步骤 01 进入“视频生成”页面，显示“图片生视频”选项卡，单击“上传图片”按钮，弹出“打开”对话框，选择相应的参考图，如图9-34所示。

步骤 02 单击“打开”按钮，即可上传参考图，如图9-35所示。

图 9-34　选择相应的参考图

图 9-35　上传参考图

步骤 03 单击“生成视频”按钮，即可开始生成视频，并显示生成进度，如图9-36所示。

步骤 04 稍等片刻，即可生成相应的视频，单击“再次生成”按钮，如图9-37所示。

图 9-36　显示生成进度

图 9-37　单击“再次生成”按钮

步骤 05 执行操作后，即可重新生成视频，效果如图9-38所示。

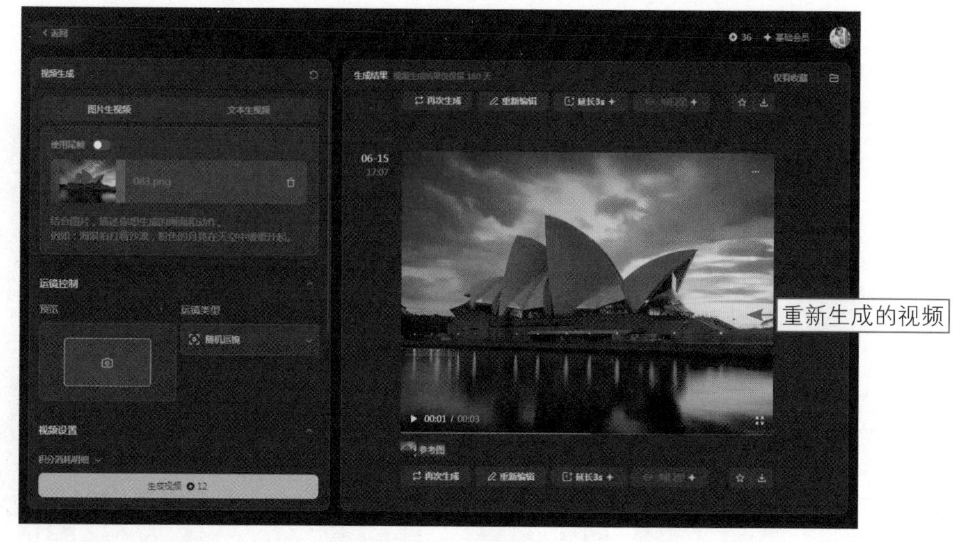

图 9-38　重新生成视频

084　设置视频的运动速度

扫码看视频　扫码看效果

在即梦AI平台中生成AI视频时，“运动速度”是一个重要的选项，它允许用户控制视频中的动作和场景变换的速度，效果如图9-39所示。

图 9-39　效果欣赏

★ 专家提醒 ★

在即梦AI平台中，“快速”运动模式用于以高于视频正常播放速度的帧率来展示视频内容，比如60FPS或更高，这种设置可以使视频看起来更加生动和充满活力，适合动作场景或需要快节奏展示的视频内容。

下面介绍设置视频画面运动速度的操作方法。

步骤 01 进入“视频生成”页面，显示“图片生视频”选项卡，单击“上传图片”按钮，弹出“打开”对话框，选择相应的参考图，如图9-40所示。

步骤 02 单击“打开”按钮，即可上传参考图，如图9-41所示。

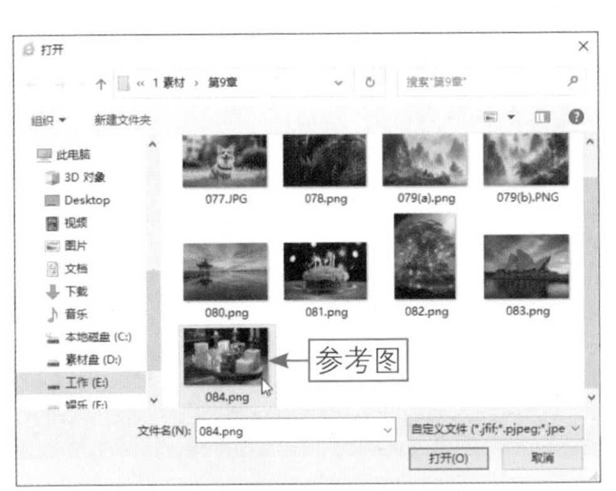

图 9-40　选择相应的参考图

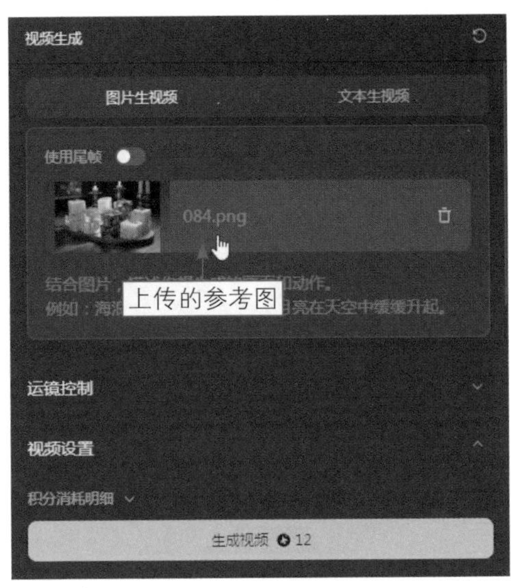

图 9-41　上传参考图

步骤 03 展开“运镜类型”下拉列表，选择“推近”选项，如图9-42所示，使视频画面慢慢放大，让主体越来越近，同时背景在慢慢后退。

步骤 04 在下方设置“运动速度”为“快速”，如图9-43所示，表示快速播放视频。

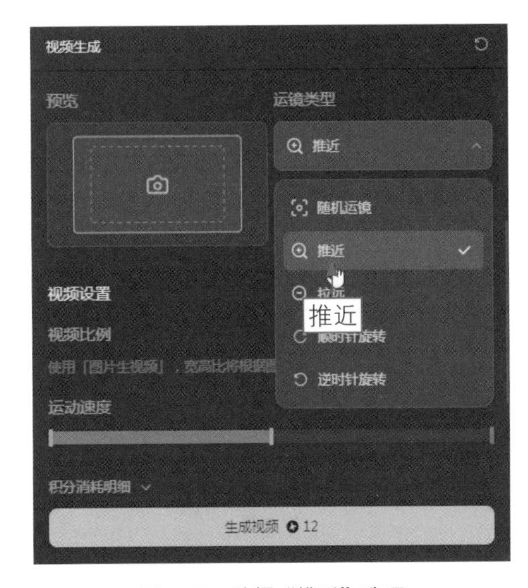

图 9-42　选择“推近”选项

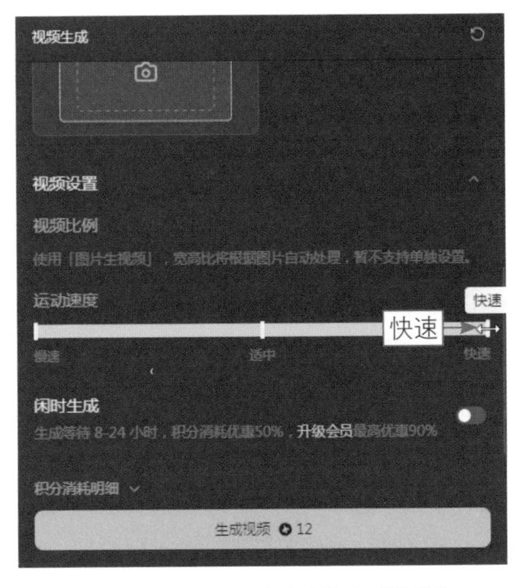

图 9-43　设置“运动速度”为“快速”

步骤 05 单击“生成视频”按钮，执行操作后，AI开始解析图片内容并转化为视觉元素，页面右侧显示了视频生成进度，如图9-44所示。

步骤 06 待视频生成完成后，显示视频的画面效果，如图9-45所示，将鼠标指针移至视频画面上，即可自动播放AI视频效果。

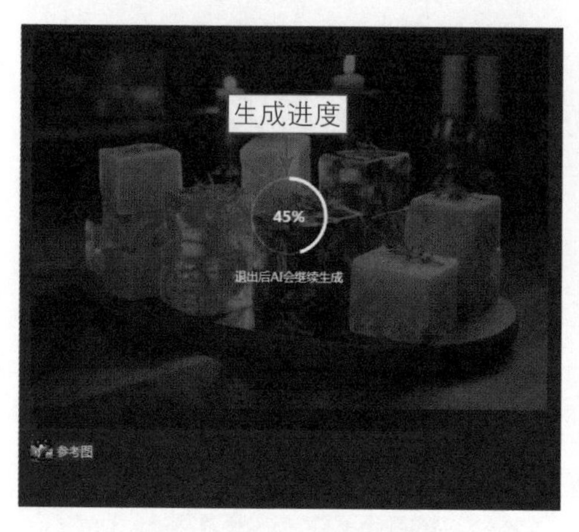

图 9-44 显示了视频生成进度

图 9-45 显示视频的画面效果

★ 专家提醒 ★

在即梦 AI 平台中，用户可以根据视频内容和预期的观看效果来选择合适的运动速度。例如，如果用户想要制作一个慢动作视频，可能会选择“慢速”选项；如果视频是日常记录或讲述故事，“适中”的速度可能更合适；而如果视频需要展示快速的动态场景，“快速”选项可能是最好的选择。

9.3 通过图片生成对口型的视频

在即梦AI平台中开通会员功能后，可以使用“对口型”功能，允许用户将预先录制的音频与视频中的角色或人物的口型进行匹配，使角色看起来像是在同步地说话，这种技术广泛应用于电影制作、动画、视频游戏和虚拟偶像领域，可以提供更加逼真和吸引人的观看体验。本节主要介绍通过图片生成对口型视频的操作方法。

085 使用文本朗读利用AI对口型

生成对口型视频是即梦AI的一大亮点，该功能利用AI技术将音频与人物的口型完美同步，创造出既真实又具有吸引力的视频内容，效果如图9-46所示。

扫码看视频

扫码看效果

图 9-46 效果欣赏

下面介绍使用文本朗读利用AI对口型的操作方法。

步骤 01 进入“视频生成”页面，通过前面介绍的方法，上传一张图片素材，输入相应的提示词，用于指导AI生成特定的视频，如图9-47所示。

步骤 02 单击“生成视频”按钮，生成一段AI人像视频，单击视频下方的“对口型”按钮，如图9-48所示。

图 9-47 输入相应的提示词

图 9-48 单击“对口型”按钮

步骤 03 进入“AI对口型”页面，在“文本朗读”文本框中输入相应的文本内容，如图9-49所示。

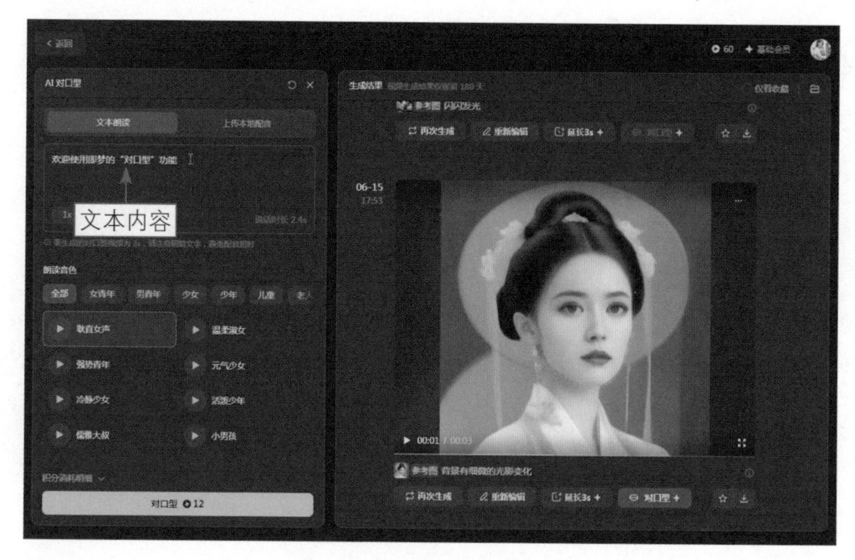

图 9-49　输入相应的文本内容

★ 专家提醒 ★

在即梦 AI 中使用“对口型”功能生成视频时，用户首先需要选择一个适合的虚拟角色或预设的人物模型，这些角色通常具备可动的口型和面部表情。然后在即梦 AI 页面中输入相应文本内容，并选择朗读音色，此时即梦 AI 的“对口型”功能会帮助用户将音频与角色的口型进行匹配。

步骤 04 在“朗读音色”选项区中，选择“温柔淑女”音色效果，如图9-50所示。

图 9-50　选择“温柔淑女”音色效果

步骤 05 单击“对口型”按钮，即可为视频中的人物生成相应的音色，且与人物的口型匹配，视频长度会随着配音的长度自动调整，重新生成视频，效果如图9-51所示。

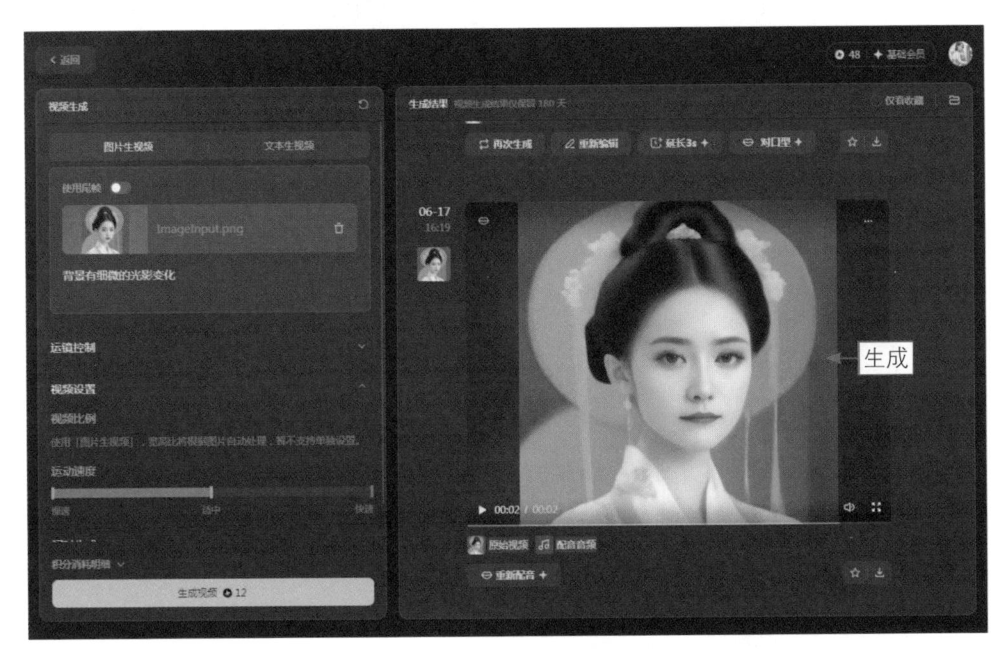

图 9-51　为视频中的人物生成相应的音色

★ 专家提醒 ★

在即梦 AI 平台中使用“对口型”功能时，在选择朗读音色的过程中，用户可以实时试听用户选择的朗读音色，这有助于快速调整和优化，直到达到满意的效果。

086　上传本地配音利用AI对口型

扫码看视频

扫码看效果

在即梦AI平台中，上传本地配音进行AI对口型是一种结合了人工智能技术与用户自定义音频的高级功能。用户首先需要准备一段本地配音，可以是用户自己录制的音频，也可以是专业配音演员的作品，然后将其上传到即梦AI平台中，通过“对口型”功能将上传的本地配音与角色的口型进行匹配，效果如图9-52所示。

下面介绍上传本地配音利用AI对口型的操作方法。

步骤 01 进入“视频生成”页面，通过前面介绍的方法，上传一张图片素材，输入相应的提示词，用于指导AI生成特定的视频，如图9-53所示。

图 9-52 效果欣赏

步骤 02 单击“生成视频”按钮，生成一段AI人像视频，单击视频下方的“延长3s”按钮，即可生成6秒的AI视频，单击视频下方的“对口型”按钮，如图9-54所示。

图 9-53 输入相应的提示词

图 9-54 单击“对口型”按钮

★ 专家提醒 ★

在即梦 AI 平台中，当用户上传本地配音利用 AI 对口型时，平台的 AI 技术会对上传的音频进行分析，识别出语音的节奏、音调、强度等特征，需要消耗 24 积分，才可以生成一个 AI 对口型的视频效果。

步骤03 进入“AI对口型”页面，单击“上传本地配音”标签，切换至“上传本地配音”选项卡，单击“点击上传「中文配音」”按钮，如图9-55所示。

步骤04 弹出“打开”对话框，在其中选择需要上传的本地配音文件，如图9-56所示。

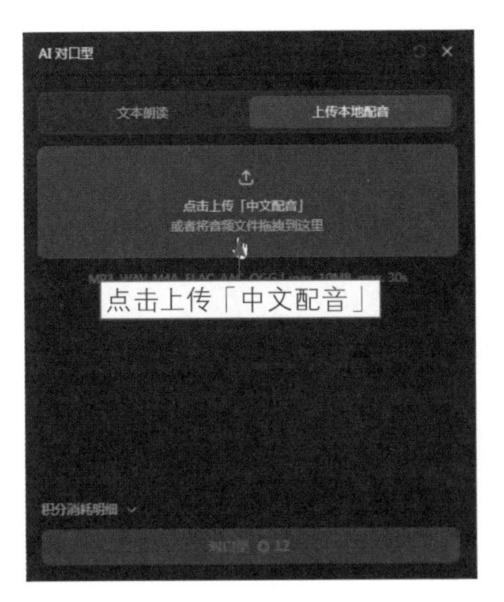

图 9-55　单击相应按钮

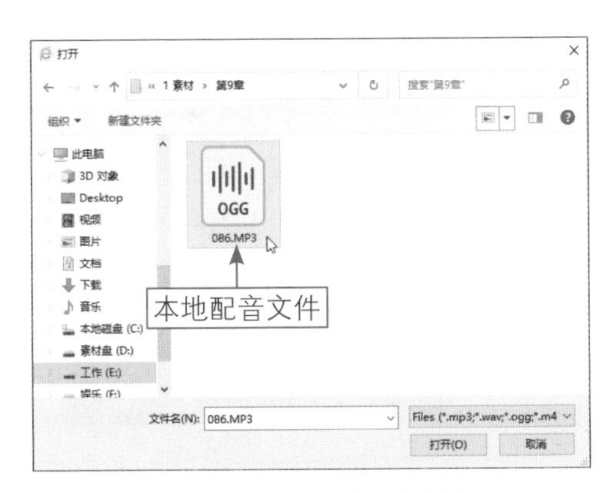

图 9-56　选择本地配音文件

步骤05 单击“打开”按钮，即可将音频文件上传至即梦AI平台中，其中显示了音频文件的时长，单击“对口型”按钮，如图9-57所示。

步骤06 执行操作后，即可为视频中的人物生成相应的音色，且与人物的口型匹配，视频长度会随着配音的长度自动调整，重新生成视频，效果如图9-58所示。

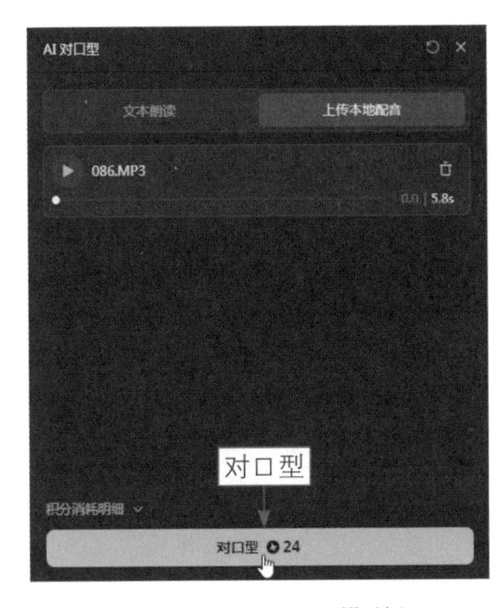

图 9-57　单击“对口型”按钮

图 9-58　重新生成视频

087 为视频选择儿童朗读音色

扫码看视频

扫码看效果

如果制作儿童教育类视频，那么选用儿童朗读音色更加合适，儿童更容易被温暖、友好的声音所吸引，选择一个具有亲和力的儿童朗读音色可以帮助儿童更好地参与和学习。使用即梦AI制作儿童朗读音色视频的效果如图9-59所示。

图 9-59 效果欣赏

下面介绍为视频选择儿童朗读音色的操作方法。

步骤 01 进入“视频生成”页面，通过前面介绍的方法，上传一张图片素材，输入相应的提示词，单击“生成视频”按钮，生成一段AI儿童视频，如图9-60所示。

步骤 02 单击视频下方的“对口型”按钮，进入“AI对口型”页面，在“文本朗读”文本框中输入相应的文本内容，如图9-61所示。

图 9-60 生成一段 AI 儿童视频

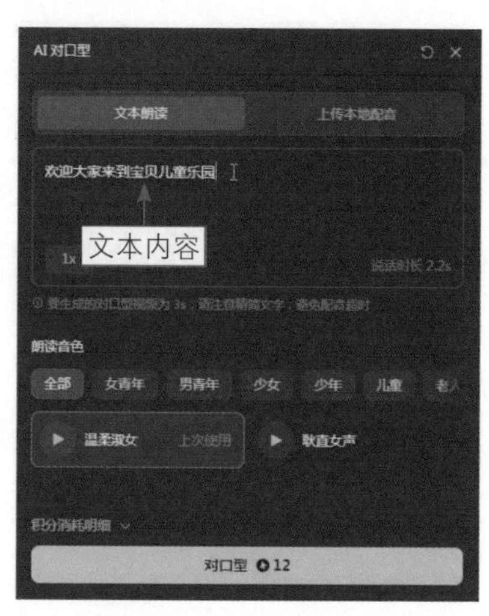

图 9-61 输入相应的文本内容

步骤 03 在“朗读音色”选项区中，单击“儿童”标签，切换至“儿童”选项卡，选择“小男孩”音色效果，如图9-62所示。

步骤 04 单击“对口型”按钮，即可为视频中的人物生成相应的音色，且与人物的口型匹配，效果如图9-63所示。

图 9-62　选择“小男孩”音色效果

图 9-63　生成相应的音色

第 10 章　一键生成同款视频作品

“做同款”功能鼓励用户在社区互动，用户可以基于社区中流行的视频作品进行创作和分享。“做同款”功能降低了视频创作的技术门槛，使得更多用户能够轻松参与。本章主要介绍使用“做同款”功能生成相应视频作品的方法。

10.1　一键生成动物视频

通过即梦AI可以生成各种可爱的动物类视频，包括小巧的动物和体积庞大的动物，通过展示动物的生活习性、行为特点和生存技巧，教育和启发观众，帮助观众更加了解和关注动物世界。另外，动物视频更具乐趣，能够为观众带来欢乐和放松，缓解压力和疲劳。本节主要介绍一键生成动物视频的操作方法。

088　生成小狗视频

扫码看视频

扫码看效果

小狗是许多人喜爱的宠物，它们活泼可爱，能够给人们带来很多欢乐，观看小狗视频不仅能让人心情愉快，还具有一定的教育意义，效果如图10-1所示。

图 10-1　效果欣赏

下面介绍生成小狗视频的操作方法。

步骤 01 在即梦AI首页的左侧，选择“探索”选项，切换至“探索”页面，单击“视频”标签，切换至“视频”选项卡，在其中选择相应的小狗视频，单击“做同款”按钮，如图10-2所示。

★ 专家提醒 ★

小狗的可爱行为和活泼表现能够为人们带来乐趣，帮助人们在紧张的生活中放松心情。在一些社交媒体上，小狗视频也被广泛传播，成为人们交流和分享的媒介，增进了社交联系。另外，小狗视频还可以促进宠物食品、玩具、护理产品等相关产业的发展。

步骤 02 在页面右侧弹出“视频生成”面板，其中显示了这段视频所需的参考图，各选项使用默认设置，单击“生成视频”按钮，如图10-3所示。

图 10-2　单击“做同款”按钮

步骤 03 执行操作后，AI开始解析图片内容，并根据图片内容与文字提示生成动态效果，页面右侧显示了视频生成进度，待视频生成完成后，显示视频画面，效果如图10-4所示，将鼠标指针移至视频画面上，即可自动播放AI视频。

图 10-3　单击“生成视频”按钮

图 10-4　显示视频画面

089　生成猴子视频

扫码看视频

扫码看效果

猴子视频可以用于教育，向观众展示猴子的自然行为、生活习性和栖息地，增加人们对野生动物的了解和保护意识。猴子因其活泼好动和模仿能力，常常能够给人们带来欢乐，因此视频还可以作为一种娱乐形式，效果如图10-5所示。

图 10-5　效果欣赏

下面介绍生成猴子视频的操作方法。

步骤 01 在即梦AI首页的左侧，选择“探索”选项，切换至“探索”页面，单击“视频”标签，切换至“视频”选项卡，在其中选择相应的猴子视频，单击“做同款”按钮，如图10-6所示。

图 10-6　单击“做同款”按钮

步骤02 在页面右侧弹出“视频生成”面板，其中显示了这段视频所需的参考图，各选项使用默认设置，单击“生成视频”按钮，如图10-7所示。

步骤03 执行操作后，AI开始解析图片内容，并根据图片内容生成动态效果，页面右侧显示了视频生成进度，待视频生成完成后，显示视频画面，效果如图10-8所示，将鼠标指针移至视频画面上，即可自动播放AI视频效果。

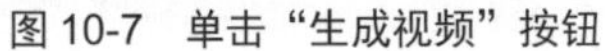

图 10-7 单击“生成视频”按钮

图 10-8 显示视频画面

★ 专家提醒 ★

动物的面部表情和脚部等细节，具有高度的复杂性和多样性，即梦AI模型可能无法完美平衡这些复杂的因素，导致生成的视频出现逻辑错误或动作不一致的现象，此时用户可以多生成几次，直到生成满意的视频作品。

10.2 一键生成电影特效

电影特效在电影制作中扮演着至关重要的角色，利用特效可以使视频具有令人惊叹的视觉效果，使观众获得更加沉浸和震撼的观影体验，能够呈现那些在现实中难以实现的场景和故事，扩展了电影叙事的边界。本节主要介绍一键生成电影特效的操作方法。

090 生成玄幻电影特效

扫码看视频

扫码看效果

玄幻电影通常指的是以东方玄幻文化为背景，融合了神话、奇幻、仙侠等元素的电影。这类电影特效可以展示角色使用法术、仙术、神通等超自然力量的场景，增强电影的奇幻感和视觉冲击力，效果如图10-9所示。

图 10-9　效果欣赏

下面介绍生成玄幻电影特效的操作方法。

步骤 01 在即梦AI首页的左侧，选择“探索”选项，切换至“探索”页面，单击“视频”标签，切换至“视频”选项卡，在其中选择相应的玄幻电影，单击“做同款”按钮，如图10-10所示。

图 10-10　单击“做同款”按钮

步骤 02 在页面右侧弹出“视频生成”面板，其中显示了这段视频所需的参考图，各选项保持默认设置，单击“生成视频”按钮，如图10-11所示。

步骤 03 执行操作后，AI开始解析图片内容，并根据图片内容与文字提示生成动态效果，页面右侧显示了视频生成进度，待视频生成完成后，显示视频画面，效果如图10-12所示，将鼠标指针移至视频画面上，即可自动播放AI视频。

图 10-11　单击“生成视频”按钮

图 10-12　显示视频画面

091　生成火球电影特效

扫码看视频

扫码看效果

火球是电影特效中常见的元素之一，尤其是在动作片、灾难片、奇幻片等类型中扮演着重要角色。火球特效可以提供强烈的视觉刺激，为电影增添戏剧性和紧迫感，用来营造特定的环境氛围，效果如图10-13所示。

图 10-13　效果欣赏

下面介绍生成火球电影特效的操作方法。

步骤 01 在即梦AI首页的左侧，选择“探索”选项，切换至“探索”页面，单击“视频”标签，切换至“视频”选项卡，在其中选择相应的火球视频，单击“做同款”按钮，如图10-14所示。

图 10-14　单击“做同款”按钮

步骤 02 在页面右侧弹出“视频生成”面板，其中显示了这段视频所需的参考图，包括首帧和尾帧图片，还显示了相应的提示词，单击“生成视频”按钮，如图10-15所示。

步骤 03 执行操作后，AI开始解析图片内容，并根据图片内容与文字提示生成动态效果，页面右侧显示了视频生成进度，待视频生成完成后，显示视频画面，效果如图10-16所示，将鼠标指针移至视频画面上，即可自动播放AI视频。

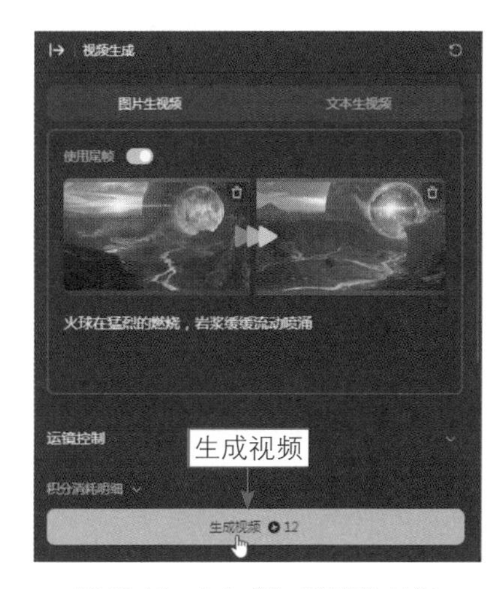

图 10-15　单击“生成视频”按钮

图 10-16　显示视频画面

10.3 一键生成其他视频

在即梦AI平台中，用户不仅可以一键生成动物视频和电影特效等，还可以生成其他多种类型的视频效果，如科幻视频、延时摄影、产品广告等，以满足不同用户的需求。本节主要介绍一键生成其他视频效果的操作方法。

092 生成科幻视频效果

扫码看视频

扫码看效果

科幻视频通常指的是那些以科学幻想为基础，展现未来世界、外太空、先进科技或超自然现象的视频内容，包括科技、社会和文化等方面，以其独特的设定和创意，激发观众的想象力和创造力，效果如图10-17所示。

图 10-17 效果欣赏

下面介绍生成科幻视频效果的操作方法。

步骤 01 在即梦AI首页的左侧，选择“探索”选项，切换至“探索”页面，单击“视频”标签，切换至“视频”选项卡，在其中选择相应的科幻视频，单击“做同款”按钮，如图10-18所示。

图 10-18　单击“做同款”按钮

步骤 02 在页面右侧弹出“视频生成”面板，其中显示了这段视频所需的参考图，包括首帧和尾帧图片，还显示了相应的提示词，单击“生成视频”按钮，如图10-19所示。

步骤 03 执行操作后，AI开始解析图片内容，并根据图片内容与文字提示生成动态效果，页面右侧显示了视频生成进度，待视频生成完成后，显示视频画面，效果如图10-20所示，将鼠标指针移至视频画面上，即可自动播放AI视频。

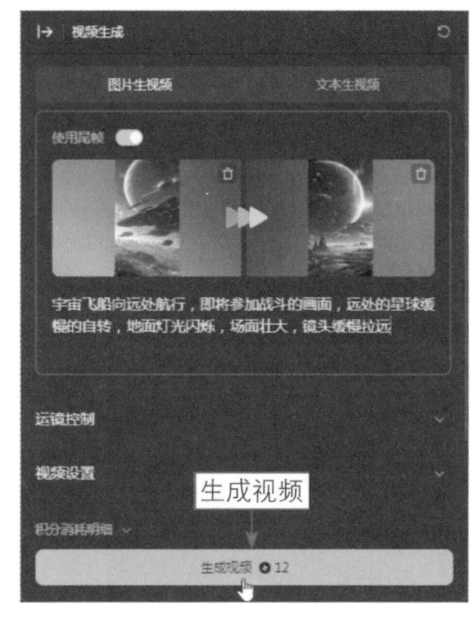

图 10-19　单击“生成视频”按钮

图 10-20　显示视频画面

093 生成延时摄影视频

扫码看视频

扫码看效果

延时摄影是一种将时间压缩的摄影技术，通过一系列照片或视频帧，以高于正常播放速度的方式播放，从而展示出长时间内的变化过程，让观众能够快速地看到时间流逝的效果，如图10-21所示，这样的视频可以增强视觉冲击力，使平凡的场景变得引人入胜。

图 10-21 效果欣赏

下面介绍生成延时摄影视频的操作方法。

步骤 01 在即梦AI首页的左侧，选择“探索”选项，切换至“探索”页面，单击“视频”标签，切换至“视频”选项卡，在其中选择相应的延时摄影视频，单击“做同款”按钮，如图10-22所示。

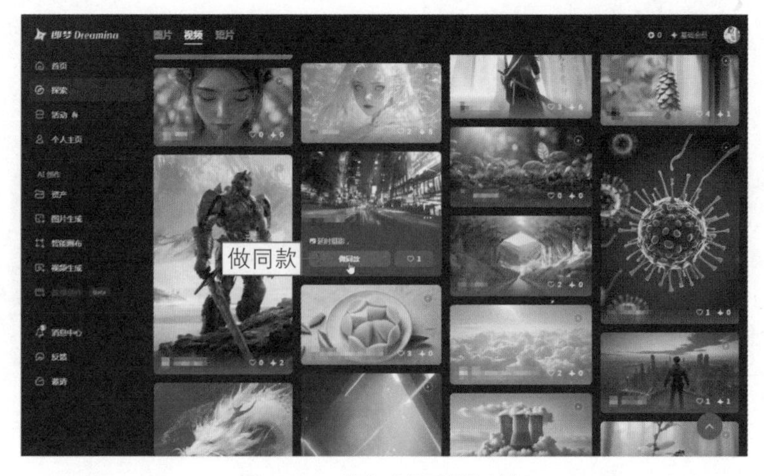

图 10-22 单击“做同款”按钮

步骤 02 在页面右侧弹出“视频生成”面板，其中显示了这段视频所需的参考图，还显示了相应的提示词，单击“生成视频”按钮，如图10-23所示。

步骤 03 执行操作后，AI开始解析图片内容，并根据图片内容与文字提示生成动态效果，页面右侧显示了视频生成进度，待视频生成完成后，显示视频画面，效果如图10-24所示，将鼠标指针移至视频画面上，即可自动播放AI视频。

图 10-23　单击“生成视频”按钮

图 10-24　显示视频画面

094　生成产品广告视频

扫码看效果

在使用即梦AI生成产品广告视频时，可以直观地展示产品的外观、包装和效果，帮助消费者更好地了解产品，效果如图10-25所示。

图 10-25　效果欣赏

下面介绍生成产品广告视频的操作方法。

步骤01 在即梦AI首页的左侧，选择“探索”选项，切换至“探索”页面，单击“视频”标签，切换至“视频”选项卡，在其中选择相应的产品广告视频，单击“做同款”按钮，如图10-26所示。

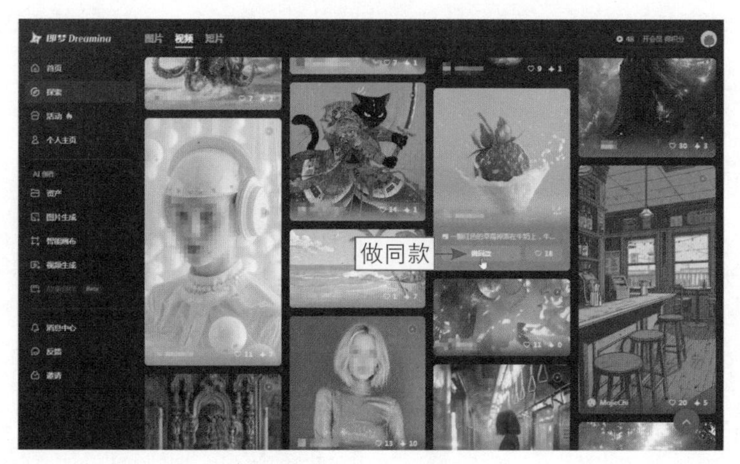

图 10-26 单击“做同款”按钮

步骤02 在页面右侧弹出“视频生成”面板，其中显示了这段视频所需的参考图，还显示了相应的提示词，单击“生成视频”按钮，如图10-27所示。

步骤03 执行操作后，AI开始解析图片内容，并根据图片内容与文字提示生成动态效果，页面右侧显示了视频生成进度，待视频生成完成后，显示视频画面，效果如图10-28所示，将鼠标指针移至视频画面上，即可自动播放AI视频。

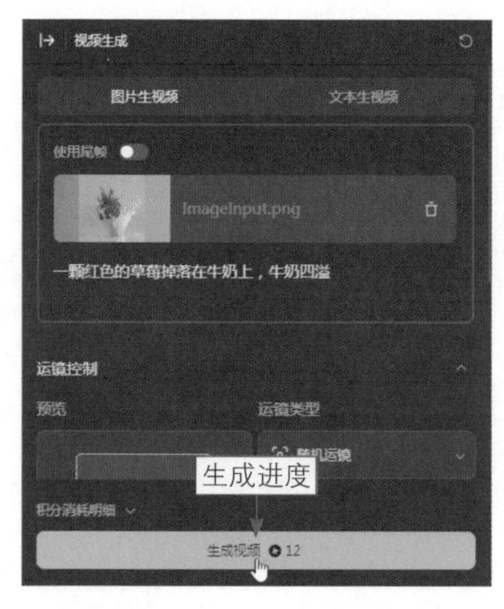

图 10-27 单击“生成视频”按钮

图 10-28 显示视频画面

【综合案例篇】

第 11 章　AI 风光摄影与视频实战

风光摄影是一种旨在捕捉自然美的摄影艺术，在进行 AI 绘画时，用户需要通过构图、光影、色彩等提示词，用 AI 生成自然景色的照片，展现大自然的魅力和神奇之处，将想象中的风景变成风光摄影大片。本章主要介绍在即梦 AI 中生成风光摄影作品与视频效果的操作方法。

11.1 制作海边风光 AI 图片

海边风光是摄影爱好者和专业摄影师喜欢拍摄的一种题材，它能够展现海洋的壮丽景色和海岸线的自然美。海边的光线变化丰富，特别是在日出和日落时分，摄影师可以捕捉到橙红色的阳光洒在海面上的美景。现在，使用即梦AI也能生成唯美的海边风光AI图片，效果如图11-1所示。

图 11-1 效果欣赏

095 输入相应的提示词

扫码看视频

在生成海边风光AI图片时，编写提示词是引导AI理解并创作出所需效果的关键步骤。首先，需要明确想要哪种类型的海边风光，比如日出或日落等；其次，描述希望照片传达的情感或氛围，如“平静”“浪漫”“神秘”“壮观”；最后，要添加相应的提示词来提升AI出图的品质，如“电影质感”“8K分辨率”等，具体操作步骤如下。

步骤 01 在“AI作图”选项区中，单击“图片生成”按钮，如图11-2所示。

步骤 02 进入“图片生成”页面，输入相应的提示词，用于指导AI生成特定的图像，如图11-3所示。

图 11-2　单击“图片生成”按钮

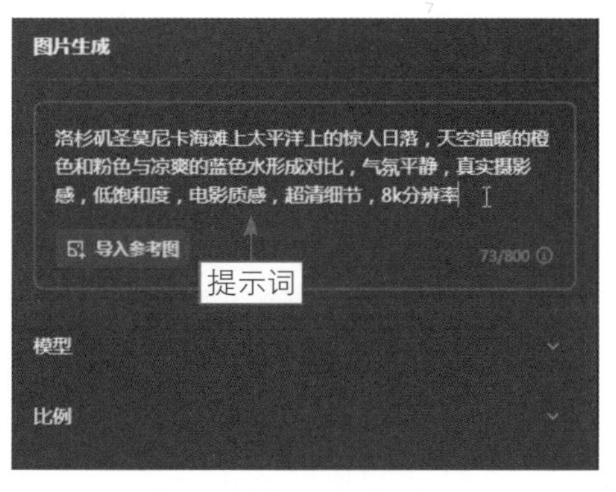

图 11-3　输入相应的提示词

096　设置AI图片的生图模型

扫码看视频

在生成海边风光AI图片时，如果希望生成的图片效果更加符合要求，就需要设置AI图片的生图模型，并且设置图片的精细度，还要为AI图片选择合适的比例，使生成的AI作品质量更高，具体操作步骤如下。

步骤 01 单击“模型”选项右侧的下三角按钮▾，展开“模型”选项区，单击下方的模型名称，如图11-4所示。

步骤 02 执行操作后，在弹出的“生图模型”下拉列表中选择“即梦 通用v1.4”模型，如图11-5所示。

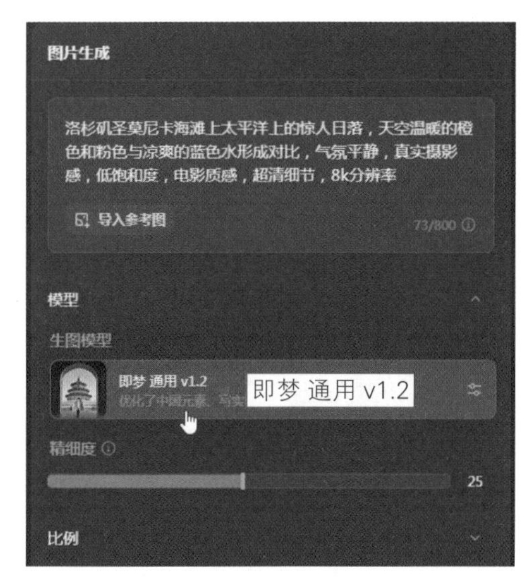

图 11-4　单击下方的默认模型名称

图 11-5　选择“即梦 通用 v1.4”模型

步骤 03 拖曳“精细度”下方的滑块，设置“精细度”参数为43，如图11-6所示，更高的精细度数值能使生成的AI图片具有更多的细节和更逼真的效果，同时会增加AI处理图像所需的时间。

步骤 04 展开“比例”选项区，选择2：3选项，如图11-7所示，将画面调整为竖图形式。

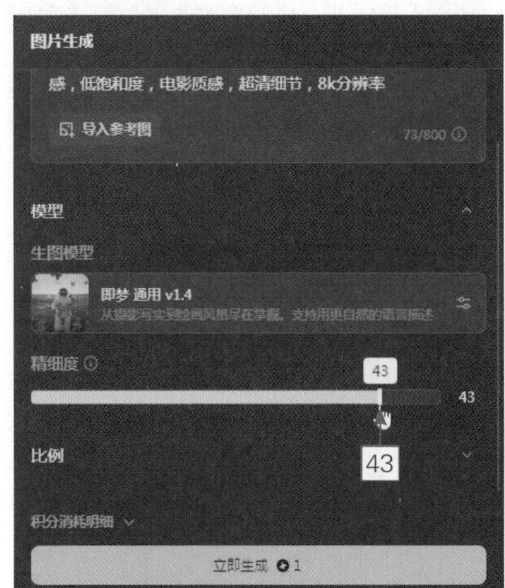

图 11-6 设置“精细度”参数

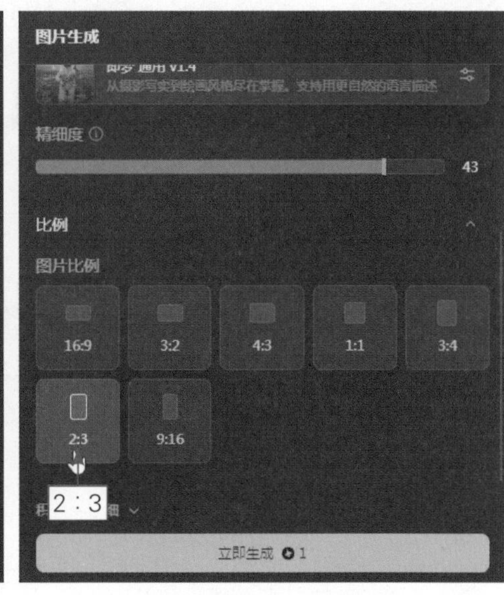

图 11-7 选择 2 ：3 选项

步骤 05 单击“立即生成”按钮，即可生成4幅2：3尺寸的海边风光图片，如图11-8所示。

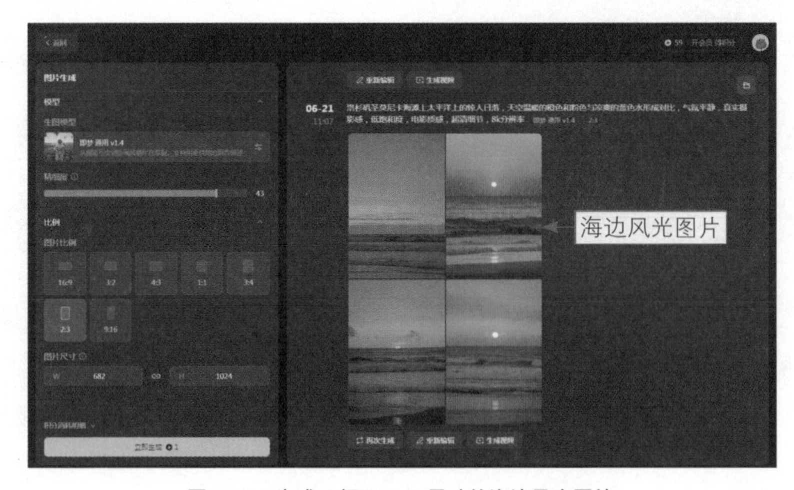

图 11-8 生成 4 幅 2 ：3 尺寸的海边风光图片

097　生成高清的海边风光作品

扫码看视频

要想提升海边风光AI图片的细节和质感，就需要使用“超清图”功能提升生成的AI图片的分辨率，具体操作步骤如下。

步骤 01 在第4幅AI图片上单击“超清图”按钮，如图11-9所示，使用AI算法分析图片并提高其分辨率，同时尽量减少失真和噪点，提高图像的质量。

步骤 02 执行操作后，即可生成一张超清晰的AI图片，在图片左上角会显示“超清图”字样，如图11-10所示。

图 11-9　单击“超清图”按钮

图 11-10　显示“超清图”字样

11.2　制作高原雪山视频效果

高原雪山以其雄伟的山峰、广阔的视野和独特的地理环境，为视频提供了壮观的背景，具有独特的视觉冲击力和艺术表现力，雪山在不同时间段的光线下会呈现出不同的效果，如日出时的金色光辉、日落时的红色晚霞，以及阴天时的柔和光线。本节主要介绍使用即梦AI制作高原雪山视频的流程，效果如图11-11所示。

图 11-11　效果欣赏

098　通过参考图生成视频

扫码看视频

在即梦AI中，用户可以通过已有的高原雪山照片来生成相应的动态视频效果，具体操作步骤如下。

步骤 01 进入“视频生成”页面，默认显示“图片生视频”选项卡，单击“上传图片”按钮，如图11-12所示。

步骤 02 执行操作后，弹出“打开”对话框，选择相应的参考图，如图11-13所示。

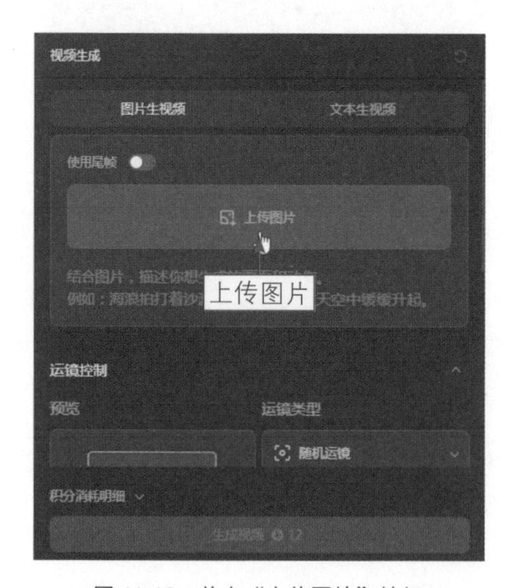

图 11-12　单击“上传图片”按钮

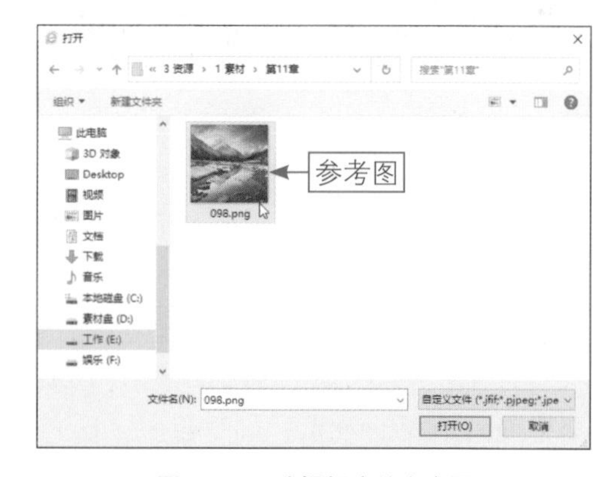

图 11-13　选择相应的参考图

步骤 03 单击“打开”按钮，即可上传参考图，如图11-14所示。

步骤 04 单击“生成视频”按钮，即可开始生成视频，并显示生成进度，稍等片刻，即可生成相应的视频，效果如图11-15所示。

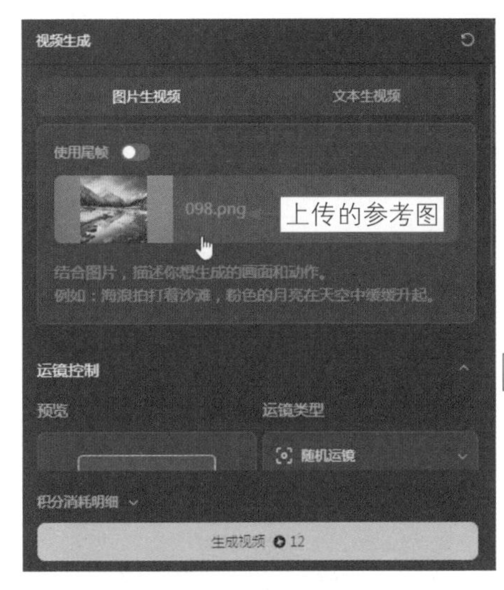

图 11-14　上传参考图

图 11-15　生成相应的视频

步骤 05 将鼠标指针移至视频画面上，即可预览3秒视频，效果如图11-16所示，从视频效果可以看出，生成的视频画面变化不大，不够动感，吸引力不强。

图 11-16　预览 3 秒视频

★ 专家提醒 ★

在即梦 AI 平台中，如果生成的视频画面没有达到理想的效果，用户可以对视频画面进行重新编辑，修改提示词描述，并设置视频的运镜方式，使生成的视频效果更加符合要求。

099 通过图文结合生成视频

扫码看视频

如果通过参考图生成的视频效果吸引力不够，此时可以在参考图的下方输入相应的提示词描述，使AI根据提示词生成相应的动态效果，具体操作步骤如下。

步骤 01 如果用户对上一小节生成的视频效果不满意，此时可以单击视频下方的“重新编辑”按钮，如图11-17所示。

步骤 02 在左侧的“图片生视频”选项卡中，在参考图的下方输入相应的提示词描述，如图11-18所示，使AI生成特定的视频效果。

图 11-17 单击“重新编辑”按钮

图 11-18 输入相应的提示词描述

步骤 03 单击“生成视频”按钮，即可开始生成视频，并显示生成进度，如图11-19所示。

步骤 04 此时，AI开始解析图片内容与提示词描述，并根据图片与提示词内容重新生成动态的视频，效果如图11-20所示。

图 11-19 显示生成进度

图 11-20 重新生成动态的视频

100　一键提升视频的分辨率

扫码看视频

扫码看效果

在即梦AI中生成的视频下方，有一个“提升分辨率”按钮，它允许用户将视频的分辨率提高到比原始视频更高的水平，具体操作步骤如下。

步骤 01 在生成的视频下方，单击“提升分辨率”按钮HD，如图11-21所示。

步骤 02 稍等片刻，即可生成相应的视频，视频左下角显示了“提升分辨率 | 高清”字样，如图11-22所示，表示已提升视频的分辨率。

图 11-21　单击“提升分辨率”按钮

图 11-22　显示相关提示内容

★ 专家提醒 ★

使用即梦 AI 中的“提升分辨率”功能，可以使用 AI 算法在原始像素之间插入新的像素点来提升视频的分辨率。需要注意的是，虽然“提升分辨率”功能可以改善视频的视觉效果，但它并不会增加视频的实际信息量。也就是说，它不能恢复在原始视频画面中丢失的细节。此外，过度使用此功能可能会导致视频出现不自然的效果。

步骤 03 将鼠标指针移至视频画面上，即可预览高清视频，效果如图 11-23 所示。

图 11-23　预览高清视频

第 12 章　AI 人像摄影与视频实战

在所有的摄影题材中，人像摄影占据着非常大的比例，因此如何用 AI 生成人像照片也是很多初学者迫切希望学会的。多学、多看、多练、多积累关键词，这些都是用 AI 创作优质人像摄影作品的必经之路。本章主要介绍在即梦 AI 中生成人像摄影作品与视频效果的操作方法。

12.1　制作人像写真 AI 图片

人像写真是一种艺术形式，可以捕捉和表达人物的情感、个性和故事。在社交媒体和职业领域，高质量的人像照片可以塑造个人品牌形象，展示专业或个人风格；在广告行业，吸引人的人像照片可以用于宣传产品或服务，吸引潜在客户的注意力，增加视觉吸引力。使用即梦AI可以轻松生成专业的人像写真AI图片，效果如图12-1所示。

图 12-1　效果欣赏

101　使用提示词生成AI图片

扫码看视频

使用即梦AI生成人像写真图片时，需要加入一些人物细节的提示词，例如人物的五官、细节、背景及光影等，还要强调画面的风格、构图及质感等，使生成的人物写真图片更加真实，更有质感，具体操作步骤如下。

步骤 01 在“AI作图”选项区中，单击“图片生成”按钮，如图12-2所示。

步骤 02 进入“图片生成”页面，输入相应的提示词，用于指导AI生成特定的图像，如图12-3所示。

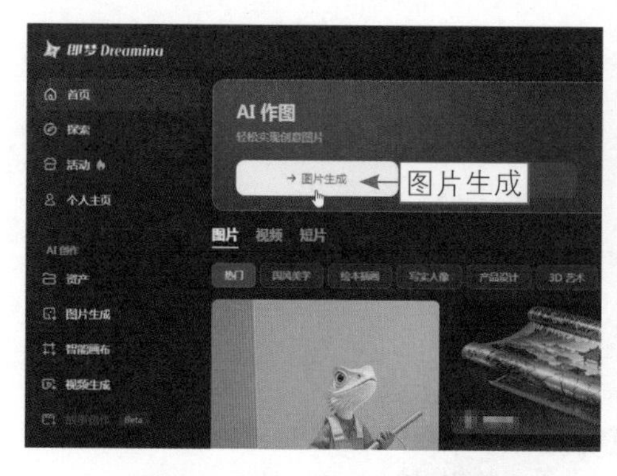

图 12-2 单击“图片生成”按钮

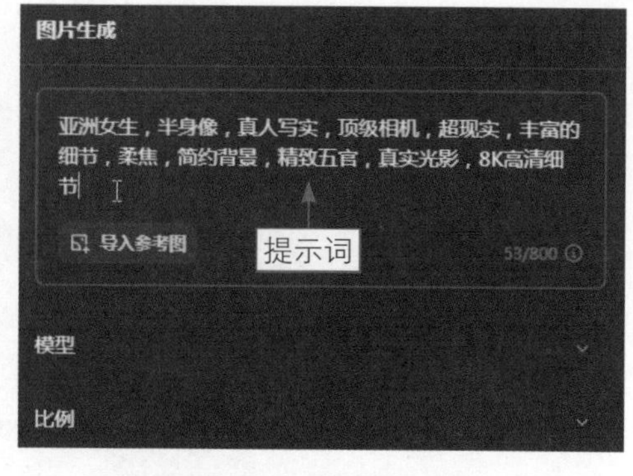

图 12-3 输入相应的提示词

步骤 03 单击“立即生成”按钮，即可生成相应的图像，效果如图12-4所示。

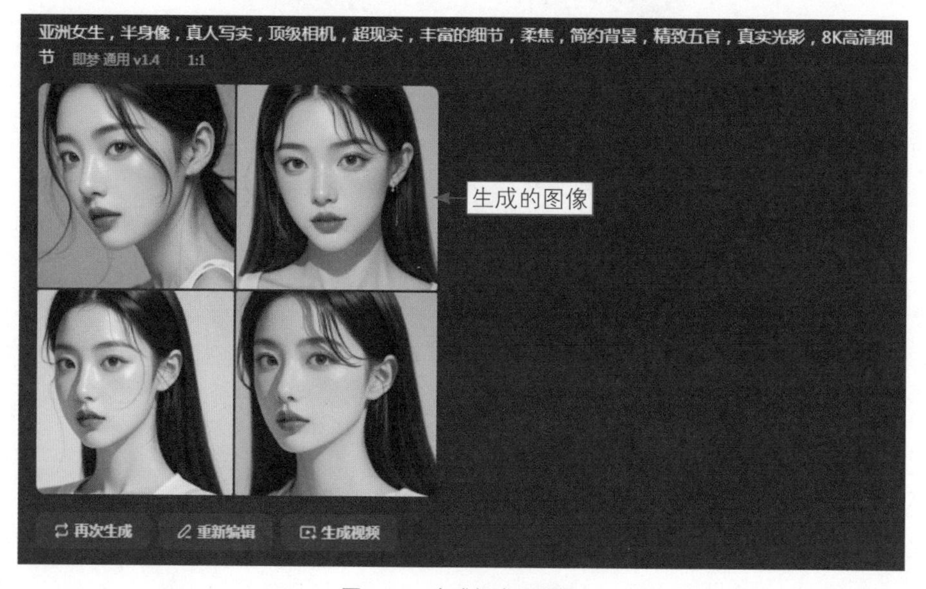

图 12-4 生成相应的图像

102 设置精细度与图片比例

扫码看视频

在生成人像写真AI图片的过程中，用户可以设置生图的精细度与图片比例，使生成的人像照片更加精致，具体操作步骤如下。

步骤 01 在生成的图像下方，单击“重新编辑”按钮，如图12-5所示。

步骤 02 单击“模型”右侧的下三角按钮，展开“模型”选项区，拖曳“精细度”下方的滑块，设置“精细度”参数为40，如图12-6所示，使生成的人像写真AI图片具有更多的细节和更逼真的效果。

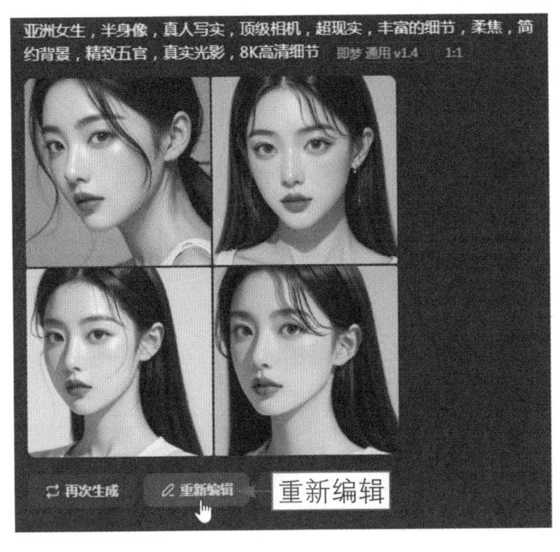

图 12-5　单击“重新编辑”按钮

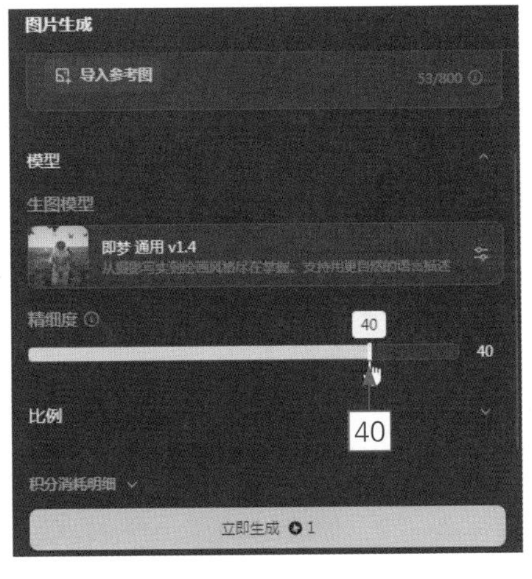

图 12-6　设置“精细度”参数

步骤 03 展开“比例”选项区，选择3：4选项，将图像调整为竖图形式，如图12-7所示。

步骤 04 单击“立即生成”按钮，即可生成4幅3：4尺寸的人像写真AI图片，显示在右侧窗格中，在第4幅AI图片上单击“超清图”按钮HD，如图12-8所示，使用AI算法分析图片并提高其分辨率，提升人像写真图片的质感。

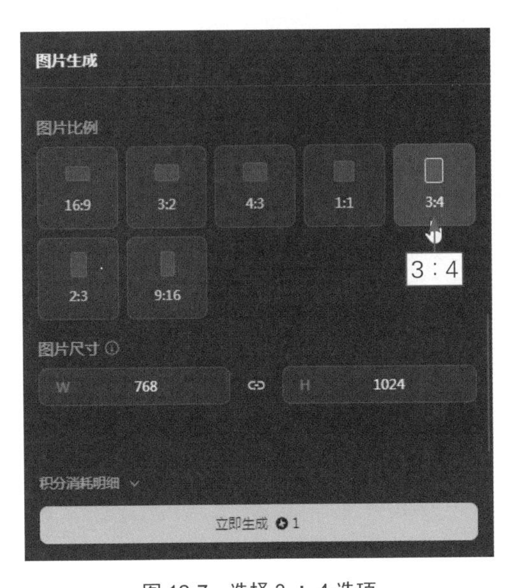

图 12-7　选择 3 ： 4 选项

图 12-8　单击“超清图”按钮

步骤 05 执行操作后，即可生成一张超清晰的人像写真AI图片，如图12-9所示，在图片左上角会显示“超清图”字样。

图 12-9 生成一张超清晰的人像写真 AI 图片

步骤 06 在图片上单击“下载”按钮，如图12-10所示，即可下载人像写真AI图片。

图 12-10 单击“下载”按钮

103 通过细节重绘重新生成图片

扫码看视频

在即梦AI平台中，用户通过“细节重绘”功能，可以提升AI生成图像中细节的质量，尤其是AI处理不够完美的部分，通过局部的调整和优化，可以增强图像的细节表现，使作品更加出色，具体操作步骤如下。

步骤 01 在人像写真AI图片上，单击“细节重绘”按钮，如图12-11所示。

步骤 02 执行操作后，即可对人像写真AI图片进行细节重绘，此时图像的细节更加清晰、完美，更具有质感，如图12-12所示。

图 12-11　单击“细节重绘”按钮

图 12-12　对 AI 图片进行细节重绘

12.2　制作国风美女视频效果

本节将聚焦于如何使用即梦AI创作出具有浓厚国风韵味的美女视频，指导AI理解和再现国风美女的经典元素，从服饰的精致纹理到配饰的细腻描绘，从古典妆容的优雅到传统发型的复杂编结，利用AI技术来增强这些细节的表现力，效果如图12-13所示。

图 12-13　效果欣赏

104 生成国风美女图片

扫码看视频

国风作为一种深植于中华文化中的独特艺术风格，其古典美、服饰、妆容及背景元素，无不体现出东方美学的精髓。在生成国风美女视频效果之前，首先生成国风美女图片，具体操作步骤如下。

步骤01 进入“图片生成”页面，输入相应的提示词，用于指导AI生成特定的图像，如图12-14所示。

步骤02 展开“比例”选项区，选择9：16选项，如图12-15所示，将画面调整为竖图形式。

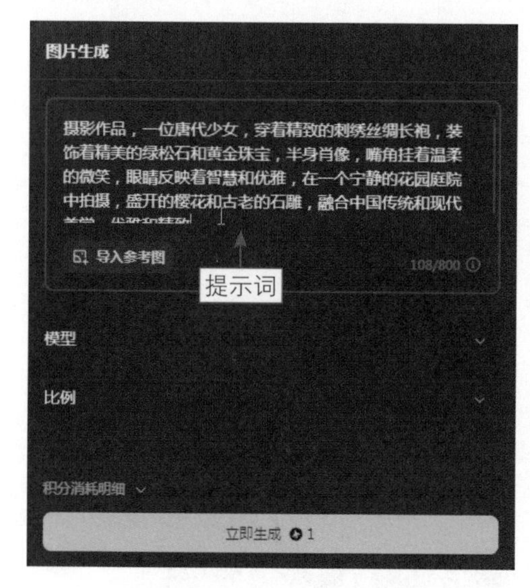

图12-14 输入相应的提示词

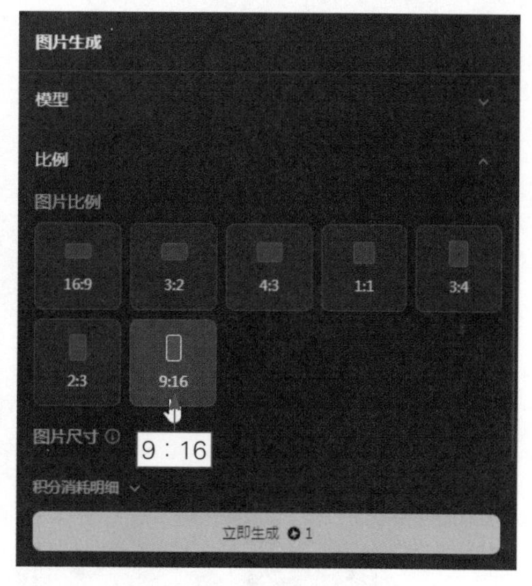

图12-15 选择9：16选项

步骤03 单击“立即生成”按钮，即可生成4幅9：16尺寸的国风美女图片，如图12-16所示。

步骤04 在第1幅AI图片上单击“超清图”按钮，如图11-17所示，使用AI算法分析图片并提高其分辨率，提升国风美女图片的质感。

步骤05 执行操作后，即可生成一张超清晰的AI图片，在图片左上角会显示“超清图”字样，如图12-18所示。

步骤06 在国风美女图片上，单击“下载”按钮，如图12-19所示，即可下载该图片。

图 12-16 生成 4 幅 9 ： 16 尺寸的国风美女图片

图 12-17 单击“超清图”按钮

图 12-18 生成超清晰的图片

图 12-19 单击“下载”按钮

★ 专家提醒 ★

在图 12-19 中，单击国风美女图片下方的“生成视频”按钮，可以直接将静态的图片生成动态的视频，操作既方便，又快捷。

105 添加提示词优化视频效果

扫码看视频

在即梦AI中生成国风美女AI图片后，可以直接将图片转换为视频，如果用户对图片的尺寸不满意，可以先下载图片，然后通过第三方软件裁剪后，再上传到即梦AI平台中制作成视频效果，具体操作步骤如下。

步骤 01 进入“视频生成”页面，单击“上传图片”按钮，如图12-20所示。

步骤 02 执行操作后，弹出“打开”对话框，选择相应的参考图，如图12-21所示。

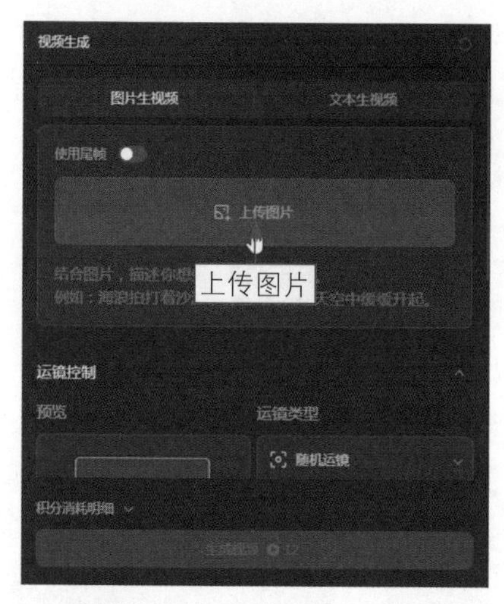

图 12-20 单击“上传图片”按钮

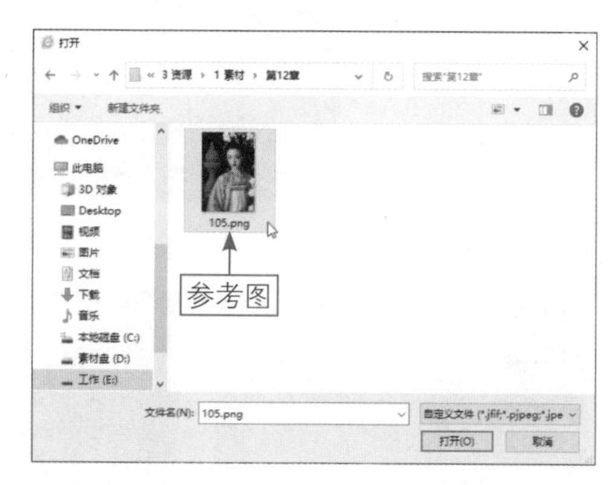

图 12-21 选择相应的参考图

步骤 03 单击“打开”按钮，即可上传参考图，在参考图的下方输入相应的提示词描述，如图12-22所示，使AI生成特定的视频效果。

步骤 04 单击“生成视频”按钮，即可开始生成视频，并显示生成进度，如图12-23所示。稍等片刻，即可生成相应的视频。

图 12-22 输入相应的提示词描述

图 12-23 显示生成进度

106　再次生成国风美女视频

扫码看视频

扫码看效果

如果用户对上一小节中生成的视频效果不满意，此时可以利用即梦AI的“再次生成”功能，重新生成视频，具体操作步骤如下。

步骤 01 在生成的视频下方，单击“再次生成”按钮，如图12-24所示。

步骤 02 执行操作后，即可再次生成视频，页面中显示了重新生成的视频，如图12-25所示。

图 12-24　单击“再次生成”按钮

图 12-25　重新生成视频

第 13 章　AI 美食摄影与视频实战

美食类的图片与视频作品会以其鲜艳的色彩和诱人的外观吸引观众的注意力，激发人们对食物的渴望。一些餐厅和食品公司会使用美食类的图片和视频来宣传其产品，吸引顾客的关注，增加销售额。本章主要介绍在即梦 AI 中生成 AI 美食摄影作品与视频的操作方法。

13.1　制作湖南美食AI图片

湖南菜，又称湘菜，其以鲜、香、酸、辣的特点而著称，是中国八大菜系之一，以其独特的风味和烹饪技艺闻名。湖南地处长江中游，物产丰富，食材多样，包括各种肉类、海鲜、蔬菜和豆制品，特色菜包括口味虾、剁椒鱼头、毛氏红烧肉、东安子鸡、永州血鸭等。图13-1所示为使用即梦AI生成的口味虾图片，色泽鲜艳，极具吸引力。

图 13-1　效果欣赏

107　运用智能画布上传图片

扫码看视频

下面介绍在智能画布编辑页面中上传美食参考图的方法，具体操作步骤如下。

步骤 01 在左侧导航栏的“AI 创作”菜单中单击“智能画布”超链接，即可新建一个智能画布项目，单击左侧的“上传图片”按钮，如图 13-2 所示。

步骤 02 执行操作后，弹出“打开”对话框，选择相应的参考图，如图 13-3 所示。

图 13-2　单击“上传图片”按钮

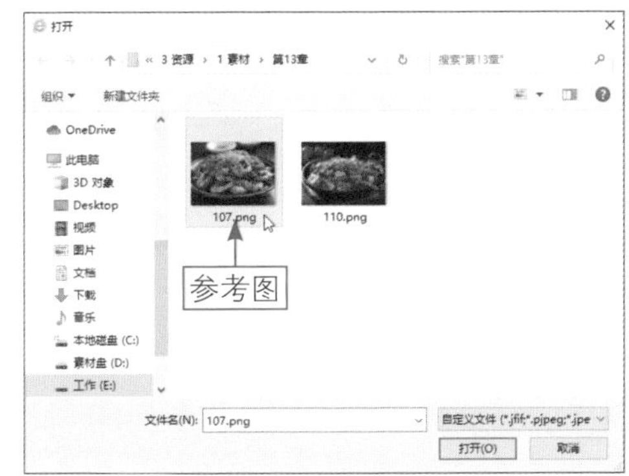

图 13-3　选择相应的参考图

步骤 03 单击“打开”按钮，即可上传参考图，如图13-4所示。

图 13-4　上传参考图

108　通过画板调节图片尺寸

扫码看视频

在智能画布编辑页面中上传参考图后，接下来需要设置画板比例，使其与上传的参考图尺寸一致，具体操作步骤如下。

步骤 01 单击上方的分辨率参数（1024×1024），弹出“画板调节”面板，在“画板比例”选项区中选择4：3选项，如图13-5所示。

步骤 02 单击“应用”按钮，即可将画板比例调整为图像尺寸一致，同时适当调整图像的位置，使其铺满整个画布，如图13-6所示。

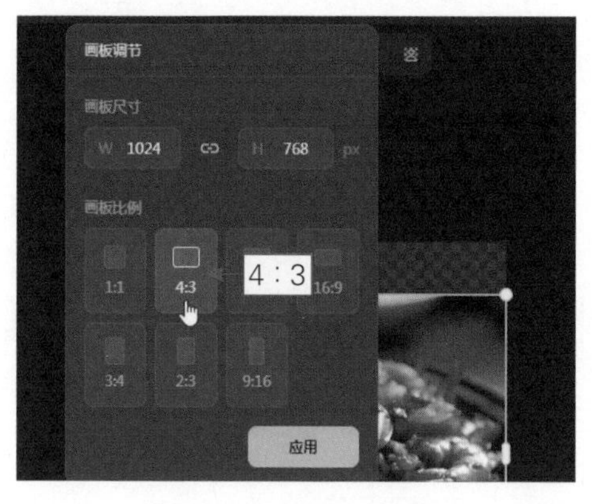

图 13-5　选择 4 ：3 选项

图 13-6　适当调整图像的位置

109　设置参数并生成美食图片

扫码看视频

调整好画板比例后，接下来需要设置生图参数，如输入提示词描述、设置图层参考程度等，并设置相应的混合图层选项，使生成的美食图片更加符合要求，具体操作步骤如下。

步骤01 在左侧的“新建”选项区中，单击“图生图”按钮，如图13-7所示。

步骤02 执行操作后，展开“新建图生图”面板，输入相应的提示词，用于指导AI生成特定的图像；设置“图层参考程度”参数为70，较高的参数值使生成的图片更接近原图；展开“高级设置”选项区，选中“主体”单选按钮，如图13-8所示，系统会自动识别图像中的主体对象。

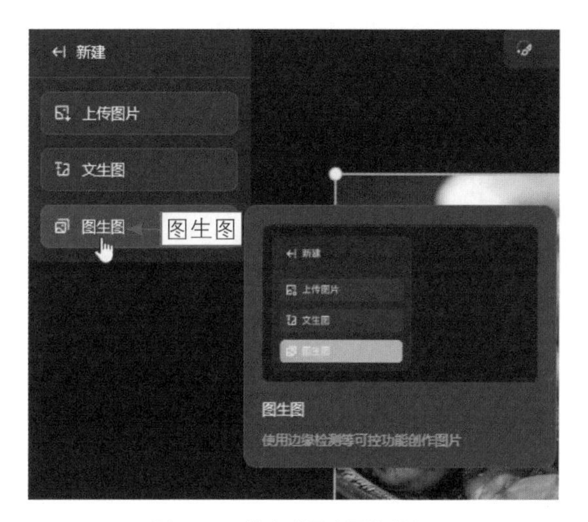

图13-7　单击“图生图”按钮

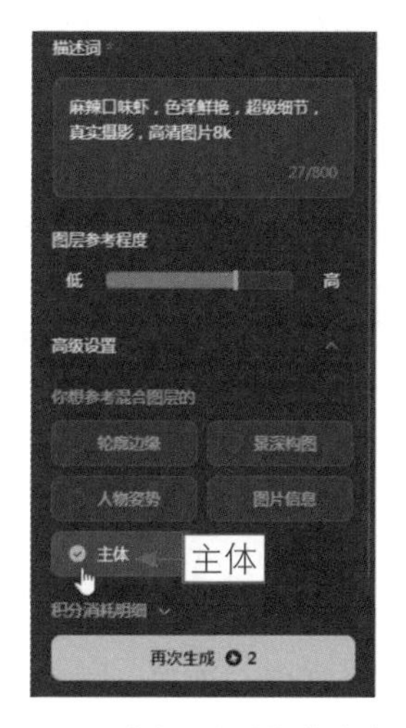

图13-8　选中“主体”单选按钮

步骤03 单击“立即生成”按钮，即可生成相应的图像，同时生成“图层2”图层，并保持参考图中的主体样式不变，效果如图13-9所示。

步骤04 单击右上角的“导出”按钮，弹出“导出设置”面板，设置“格式”为PNG、“尺寸”为2x，表示将图像导出为PNG格式，并将图像的分辨率放大两倍，单击“下载”按钮，如图13-10所示，即可下载当前画板中的图像。

图13-9　生成相应的图像

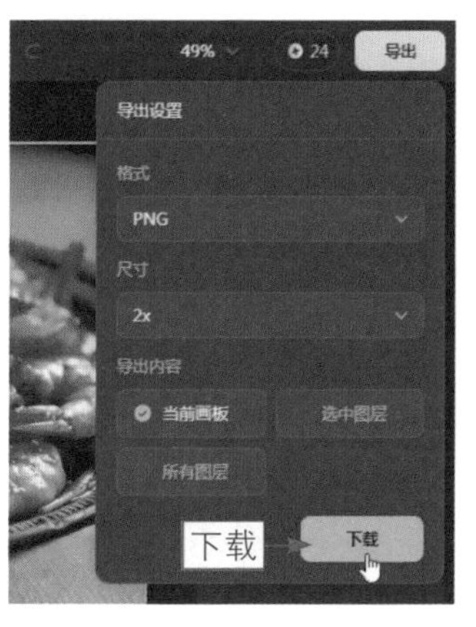

图13-10　单击“下载”按钮

13.2 制作红烧豆腐视频广告

红烧豆腐是一道经典的中式菜肴，它以豆腐为主料，通过红烧的方式烹饪而成，具有色泽红亮、味道鲜美、口感嫩滑的特点。通过即梦AI生成红烧豆腐视频广告，可以快速吸引观众的注意力，刺激观众的品尝欲望，效果如图13-11所示。

图 13-11 效果欣赏

110 上传参考图进行以图生图

下面介绍在即梦AI中上传红烧豆腐参考图的方法，具体操作步骤如下。

扫码看效果

步骤 01 进入“视频生成”页面，单击“上传图片”按钮，如图13-12所示。

步骤 02 执行操作后，弹出“打开”对话框，选择相应的参考图，如图13-13所示。

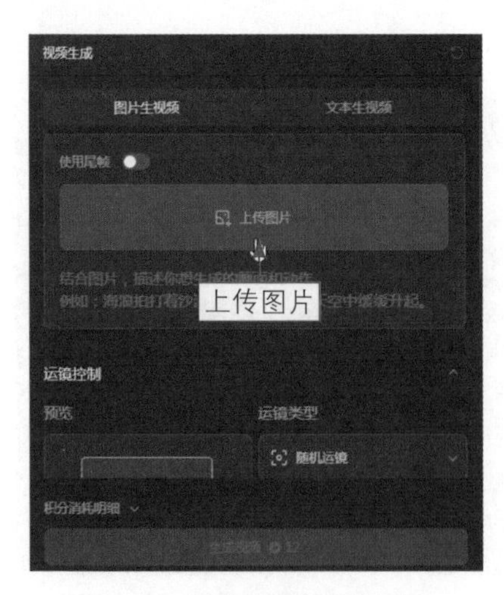

图 13-12 单击“上传图片”按钮

图 13-13 选择相应的参考图

步骤 03 单击“打开”按钮，即可上传参考图，如图13-14所示。

图 13-14　上传参考图

111　添加提示词生成美食视频

上传美食图片后，接下来需要添加相应的提示词描述，使生成的美食图片效果更具吸引力，具体操作步骤如下。

扫码看视频

步骤 01 在参考图的下方，输入相应的提示词描述，如图13-15所示，用于指导AI生成特定的视频效果。

步骤 02 单击“生成视频”按钮，即可生成相应的视频，效果如图13-16所示。

图 13-15　输入相应的提示词描述

图 13-16　生成相应的视频

112 通过补帧生成更流畅的画质

扫码看视频

扫码看效果

“补帧”是一种视频处理技术，它可以改善视频播放的流畅度和视觉效果。这项技术通过在原始视频帧之间插入额外的帧来提高视频的帧率（Frames Per Second，即每秒显示的帧数），来提升视频的质量，提升用户的观看体验。下面介绍在即梦AI中通过“补帧”功能生成更流畅的视频画质的方法，具体操作步骤如下。

步骤 01 在生成的视频下方，单击“补帧”按钮，如图13-17所示。

图 13-17 单击“补帧”按钮

步骤 02 弹出“视频补帧”对话框，选中30 FPS单选按钮，即视频每秒播放30帧，使视频的播放效果更加流畅，单击“立即生成”按钮，如图13-18所示。

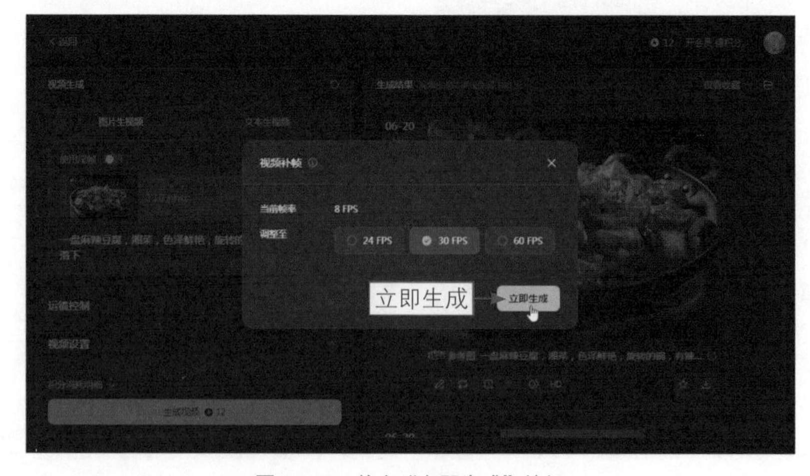

图 13-18 单击“立即生成”按钮

步骤 03 执行操作后，即可重新生成一段30FPS的视频，效果如图13-19所示，将鼠标指针移至视频画面上，即可自动播放AI视频。

图 13-19　重新生成一段 30FPS 的视频

第 14 章　AI 商业设计与视频实战

在进行 AI 商业设计时，即梦 AI 可以根据用户的需求和偏好，生成个性化的商业设计作品；也可以快速生成设计草图和概念图，大幅提高设计工作的效率；还可以帮助设计师探索不同的设计方案和风格，激发创意思维。本章主要介绍在即梦 AI 中生成 AI 商业设计作品与视频的操作方法。

14.1　制作商业广告 AI 图片

“618”即京东商城发起的在6月18日的在线购物活动，现在已经演变成全行业的大型促销活动，类似于“双11”活动。在“618”购物活动期间，某些商家或平台为了吸引消费者会制作出一系列促销广告图片，营造购物活动的氛围。此时，使用即梦AI可以轻松制作出“618”的商业广告图片，传达促销信息，效果如图14-1所示。

图 14-1　效果欣赏

113　搜索社区商业广告图片

在即梦AI平台的“探索”页面中，用户可以浏览其他创作者的商业广告图片，如果有自己喜欢的图片，可以制作同款图片效果，具体操作步骤如下。

扫码看视频

步骤 01 切换至“探索”页面，在“图片”选项卡中，选择相应的商业广告图片，单击“做同款”按钮，如图14-2所示。

图 14-2　单击“做同款”按钮

步骤 02 在页面右侧弹出“图片生成”面板，其中显示了这张商业广告图片所需的提示词描述，如图14-3所示。

图 14-3 显示图片所需的提示词描述

114 修改提示词并设置图片比例

扫码看视频

如果用户对这张图片的提示词描述不满意，此时可以对提示词进行修改，使其生成符合要求的商业广告图片，还可以根据需要设置图片的生成比例，具体操作步骤如下。

步骤 01 在输入框中，删除原来的提示词，然后重新输入相应的提示词，用于指导AI生成特定的图像，如图14-4所示。

步骤 02 展开“比例”选项区，选择3：4选项，将生成的AI图片设置为竖图形式，如图14-5所示，单击“立即生成”按钮，进入“图片生成”页面，即可生成相应的AI图片。

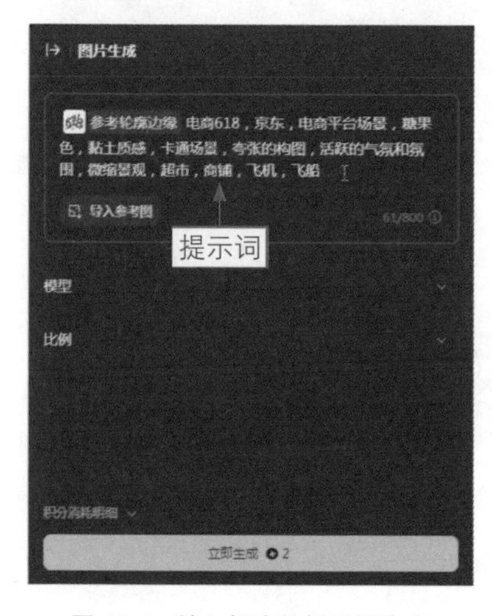

图 14-4 输入相应的提示词内容

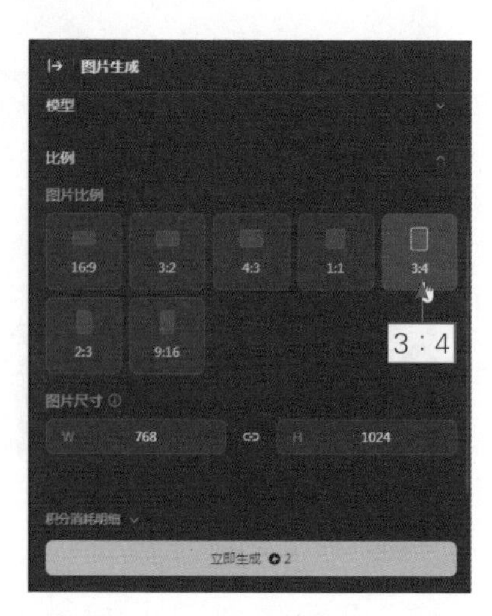

图 14-5 将 AI 图片设置为竖图形式

115　再次生成同类型的广告图片

扫码看视频

如果用户对生成的AI商业广告图片不满意，可以通过“再次生成”按钮，重新生成同类型的广告图片，直到符合用户的要求为止，具体操作步骤如下。

步骤 01 单击相应AI图片下方的“再次生成”按钮，如图14-6所示，该操作将基于用户先前提供的输入（如文本描述、参考图片等），重新生成新的AI图片。

步骤 02 执行操作后，即可重新生成4幅3：4尺寸的AI图片，如图14-7所示，用户通过重新生成过程，逐步得到想要的效果。

图 14-6　单击“再次生成”按钮

图 14-7　重新生成 AI 图片

14.2　制作化妆品广告视频

化妆品视频广告是一种通过视觉和听觉手段来推广化妆品的营销方式。它通常结合了创意内容、产品展示、品牌信息和情感诉求，以吸引目标消费者。本节主要介绍使用即梦AI制作化妆品视频广告的方法，效果如图14-8所示。

图 14-8 效果欣赏

★ 专家提醒 ★

使用即梦 AI 制作化妆品视频广告时，生成视频后，用户还可以使用剪映、达芬奇或 Premiere 等后期处理软件对视频画面进行剪辑、处理与修饰操作，使制作的商业广告效果更加符合用户的要求。本案例对视频画面进行了相关后期处理，包括添加文字与背景音乐，使视频画面更具吸引力。

116 上传化妆品参考图

下面介绍在即梦AI中上传化妆品参考图的方法，具体操作步骤如下。

扫码看视频

步骤 01 进入“视频生成”页面，单击“上传图片”按钮，如图14-9所示。

步骤 02 执行操作后，弹出“打开”对话框，选择相应的参考图，如图14-10所示。

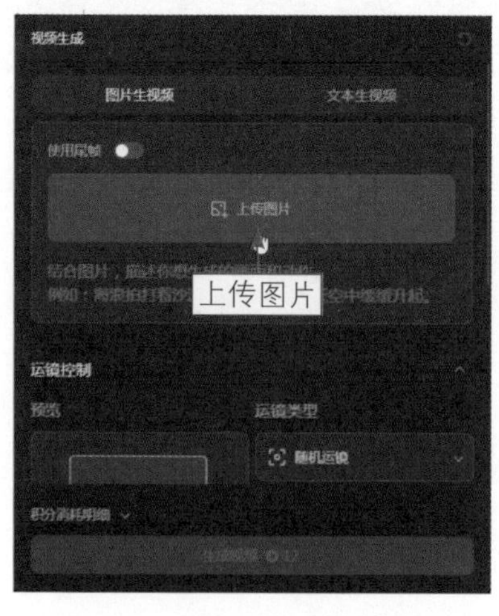

图 14-9 单击“上传图片”按钮

图 14-10 选择相应的参考图

步骤 03 单击“打开”按钮，即可上传参考图，如图14-11所示。

图 14-11　上传参考图

117　添加提示词生成广告视频

扫码看视频

上传化妆品图片后，接下来需要添加相应的提示词描述，使生成的化妆品视频更具专业性，激发消费者的购买欲望，具体操作步骤如下。

步骤 01 在参考图的下方，输入相应的提示词描述，如图14-12所示，用于指导AI生成特定的视频效果。

步骤 02 单击“生成视频”按钮，即可生成相应的视频，效果如图14-13所示。

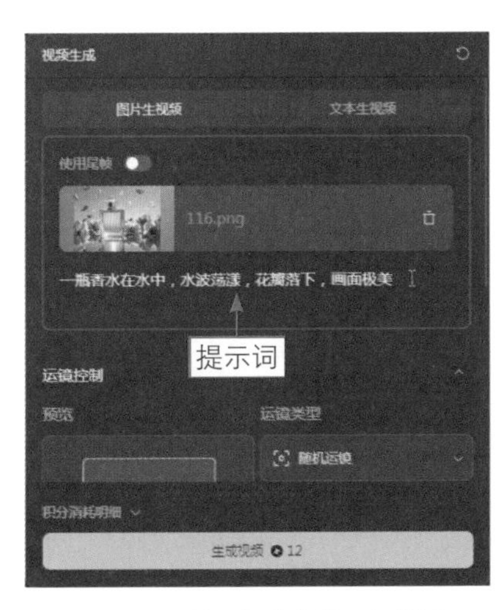

图 14-12　输入相应的提示词描述

图 14-13　生成相应的视频

118 延长化妆品广告视频时长

扫码看视频

扫码看效果

在即梦AI平台中生成的视频默认时长为3秒，用户还可以将生成的化妆品广告视频延长至6秒，使视频效果更加符合要求，具体操作步骤如下。

步骤 01 单击视频下方的“延长3s”按钮，如图14-14所示。

步骤 02 执行操作后，即可生成6秒的化妆品广告视频，效果如图14-15所示，将鼠标指针移至视频画面上，即可预览6秒的视频，效果如图14-15所示。

图 14-14 单击“延长 3s”按钮

图 14-15 生成 6 秒的化妆品广告视频

★ 专家提醒 ★

化妆品广告视频生成后，将其导入剪映中，可以对视频的画面进行美化，例如添加品牌文字，还可以为视频添加动人的背景音乐。